普通高等教育计算机类专业教材

C语言程序设计实验教程

主　编　张小刚　司春景

副主编　杨全丽　劳东青　朱彩蝶　施明登

中国水利水电出版社
www.waterpub.com.cn
·北京·

内 容 提 要

本书包括两个部分，第一部分是实验内容，第二部分是参考答案，附录中列出了 ASCII 编码、运算符及常用函数。本书共 10 个实验，包括 C 语言运行环境、数据类型与表达式、顺序结构程序设计、选择结构程序设计、循环结构程序设计、数组、函数程序设计、指针、用户自定义数据类型及文件。

本书根据《教育部高等教育司关于开展新工科研究与实践的通知》（教高司函〔2017〕6 号），结合党的二十大关于教育的指导精神，融入案例，逐步递进，有利于通过任务导向案例开展小组合作学习，注重培养学生高级思维和综合应用能力。

本书可作为高等院校电子信息与计算机类本科专业的基础课程教材，也可供高职院校计算机类专业的基础课程教学和相关专业技术人员参考。

图书在版编目（ＣＩＰ）数据

C语言程序设计实验教程 / 张小刚，司春景主编. --
北京 ： 中国水利水电出版社，2023.7
普通高等教育计算机类专业教材
ISBN 978-7-5226-1579-0

Ⅰ．①C… Ⅱ．①张… ②司… Ⅲ．①C语言－程序设
计－高等学校－教材 Ⅳ．①TP312.8

中国国家版本馆CIP数据核字(2023)第108918号

策划编辑：石永峰　　责任编辑：赵佳琦　　加工编辑：曲书瑶　　封面设计：梁　燕

书　　名	普通高等教育计算机类专业教材 **C 语言程序设计实验教程** C YUYAN CHENGXU SHEJI SHIYAN JIAOCHENG
作　　者	主　编　张小刚　司春景 副主编　杨全丽　劳东青　朱彩蝶　施明登
出版发行	中国水利水电出版社 （北京市海淀区玉渊潭南路 1 号 D 座　100038） 网址：www.waterpub.com.cn E-mail: mchannel@263.net（答疑） 　　　　sales@mwr.gov.cn 电话：(010) 68545888（营销中心）、82562819（组稿）
经　　售	北京科水图书销售有限公司 电话：(010) 68545874、63202643 全国各地新华书店和相关出版物销售网点
排　　版	北京万水电子信息有限公司
印　　刷	三河市鑫金马印装有限公司
规　　格	184mm×260mm　　16 开本　　12 印张　　269 千字
版　　次	2023 年 7 月第 1 版　　2023 年 7 月第 1 次印刷
印　　数	0001—2000 册
定　　价	38.00 元

凡购买我社图书，如有缺页、倒页、脱页的，本社营销中心负责调换

前　　言

本书是塔里木大学信息工程学院"C 语言程序设计"专业课的实验与习题指导用书。主教材《C 程序设计》（第五版）围绕程序设计组织内容，特色鲜明，被教育部评为"普通高等教育精品教材"。

"C 语言程序设计"是一门实践性很强的课程，因此需要通过大量的编程训练，在实践中掌握程序设计语言的知识，培养程序设计的基本能力，并逐步理解和掌握程序设计的思想和方法。为提高"C 语言程序设计"课程的教学效果，我们特地组织了课程教学和实验教学经验丰富的教师编写了这本实验教程。

本书包括两个部分，第一部分是实验内容，第二部分是参考答案。第一部分的每个实验均包括知识点回顾和实验内容，并将历年真题纳入部分实验。其中知识点回顾是将实验涉及的知识点进行归纳总结并以思维导图的形式展示出来，以帮助学生巩固知识点；实验内容提供了精心设计的编程示例、调试示例，实验训练题型包括改错题、填空题、综合编程题等，学习者可根据学习需要选择适当的内容进行实验；历年真题主要供学习者了解考试的难度和题型。第二部分给出了第一部分中实验内容的参考答案，便于学习者检验学习效果。附录中列出了 ASCII 编码、运算符及常用函数。

本书由张小刚、司春景任主编，由杨全丽、劳东青、朱彩蝶、施明登任副主编，杨全丽审定全稿。

本书的编撰是塔里木大学一流本科专业建设的一部分，得到了塔里木大学物联网工程专业专业教学团队（编号：TDJXTD2208）、塔里木大学物联网工程一流专业（编号：22/22000030126）、塔里木大学 C 语言程序设计 A "课程思政"（编号：TDKCSZ22347）和全国高等院校计算机基础教育研究会计算机基础教育教学研究项目"面向新工科计算机专业 C 语言程序设计课程的资源建设与开发"的支持，特此感谢！

由于编者水平所限，书中难免存在疏漏及错误之处，敬请读者指正。

编　者

2022 年 12 月

目　　录

第一部分　实验内容

实验 1　C 语言运行环境

1.1　知识点回顾

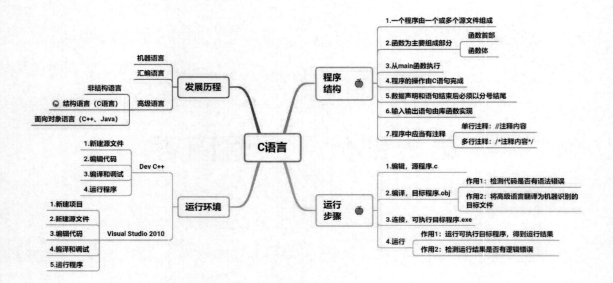

1.2　实 验 目 的

（1）熟悉 Dev C++的安装、源文件新建和打开的方法。

（2）熟悉 Visual Studio 2010 的安装、源文件新建和打开的方法。

（3）掌握不同运行环境下 C 程序的编辑、编译、连接、运行和调试的过程。

（4）通过运行简单的 C 程序，初步了解 C 语言源程序的特点。

1.3　C 程序上机指南

　　C 编译系统不属于 C 语言，它的功能是把源程序翻译成目标程序，成为计算机能读懂的机器语言。不同的软件厂商开发不同的编译系统，其功能大同小异，都可以对源程序进行编辑、编译、连接与运行。本书着重介绍在 Window 环境下使用 Dev C++和 Visual Studio 2010 集成环境。

1.3.1　使用 Dev C++运行程序

1. 安装 Dev C++环境

如果计算机中未安装 Dev C++，则需先安装。找到 Dev C++安装包并运行，安装过程简单，安装语言选择"简体中文"，如图 1-1-1 所示，请按照屏幕提示逐步进行安装，如图 1-1-2 所示。

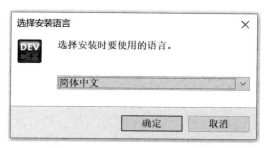

图 1-1-1　Dev C++选择安装语言

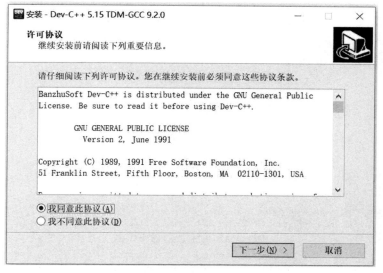

图 1-1-2　Dev C++安装过程

2. 启动 Dev C++编译环境

启动 Dev C++有多种方法，如：①双击桌面上的 Dev C++图标启动系统；②单击"开始"菜单，选择"程序"，选择 Dev C++启动。启动后编译环境自动新建源文件，如图 1-1-3 所示。

3. 新建一个 C 源程序方法

（1）Dev C++界面简单易于操作，可以直接在新文件 1 下编辑代码，如图 1-1-4 所示。

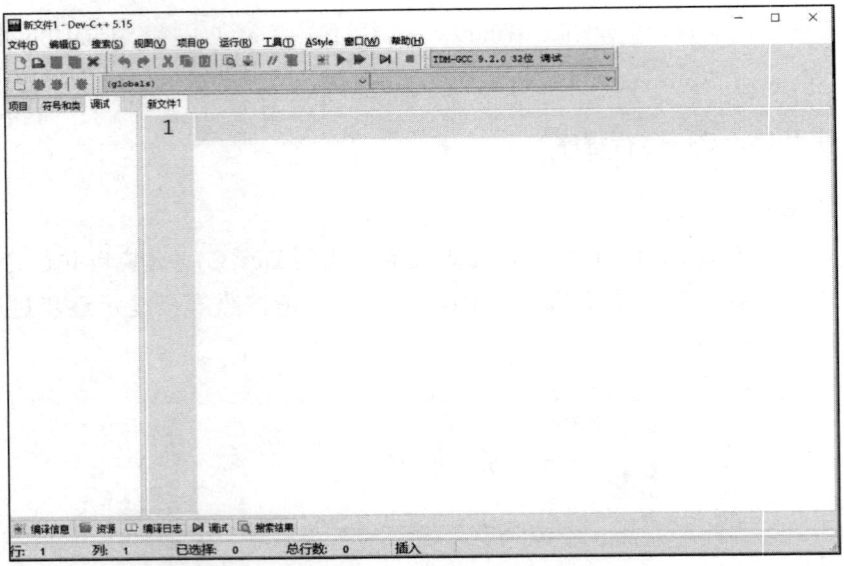

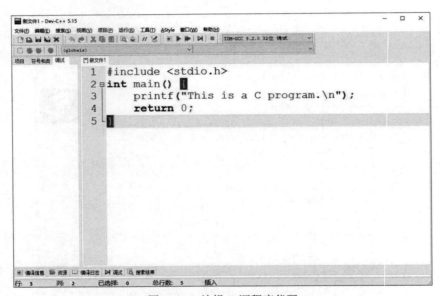

图 1-1-3　Dev C++界面

图 1-1-4　编辑 C 源程序代码

（2）编辑代码完成后，可以在菜单栏选择"文件"→"保存"，或单击工具栏的保存图标 ，或使用快捷键 Ctrl+S 来保存文件。出现图 1-1-5 所示对话框，选择保存文件路径，在"文件名"栏中输入文件名（此处命名为 file1），"保存类型"栏中选择 C source file（*.c）类型（注意编译 C 源文件后缀务必为.c）。

（3）单击"保存"按钮，即创建好一个 C 源程序。

（4）如需再创建一个源程序，可以在菜单栏中选择"文件"→"新建源代码"新建一个源程序，如图 1-1-6 所示，剩余步骤按（1）～（3）进行操作。

图 1-1-5 保存 C 源程序

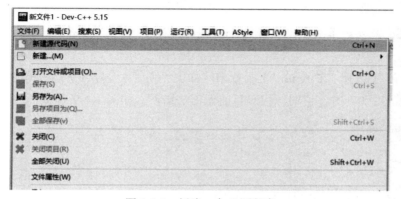

图 1-1-6 新建一个 C 源程序

4. 编译、连接和运行 C 程序

（1）编译源文件。在菜单栏中选择"运行"→"编译"或按 F9 键，如图 1-1-7 所示。在进行编译时，编译系统会检查源程序是否有语法错误，然后在主窗口下方编译信息窗口输出提示内容，如果有错误，就会指出错误的位置和类型，如图 1-1-8 所示。

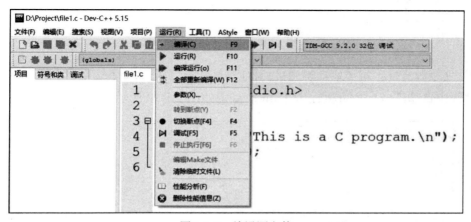

图 1-1-7 编译源文件

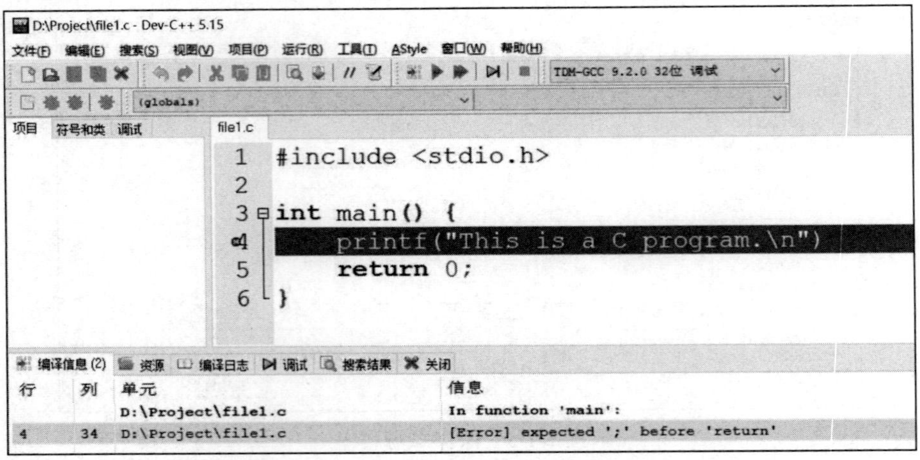

图 1-1-8　编译错误界面

🔊 **说明**: 此处为了演示, 在第 4 行语句末尾处少写 ";", 编译系统自动提示错误信息及修改内容。

根据编译信息提示, 在 return 上一行末尾加上 ";" 后, 再次进行编译, 在编译结果显示 "错误: 0, 警告: 0" 时, 说明源代码目前无语法错误, 如图 1-1-9 所示。

图 1-1-9　编译正确界面

（2）连接源文件。编译成功得到目标程序后, Dev C++编译系统自动进行连接, 在保存路径文件夹中自动生成一个可执行文件 file1.exe, 如图 1-1-10 所示。

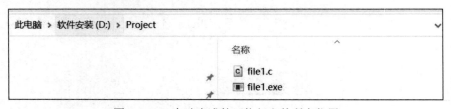

图 1-1-10　自动生成的可执行文件所在位置

（3）运行源文件。得到可执行文件 file1.exe 后，在菜单栏中选择"运行"→"运行"或按 F10 键，可以直接运行文件，如图 1-1-11 所示。运行后便可得到运行结果界面，如图 1-1-12 所示。

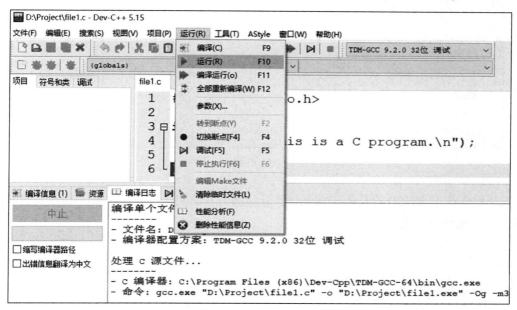

图 1-1-11　运行源程序

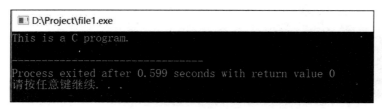

图 1-1-12　运行结果

注意：如果运行源程序后又修改代码，需再次进行源程序编译，然后才能运行。为了方便也可以直接选择"运行"→"编译运行"或按 F11 键实现执行程序。

（4）运行结果展示。程序执行后，屏幕弹出运行结果窗口，如图 1-1-12 所示，第 1 行是 C 程序输出的结果，虚线以下非程序所指定的输出，而是 Dev C++系统自动增加的信息。Process exited after 0.599 seconds with return value 0 表示输出程序从开始运行到退出时的总耗时和程序退出时的返回值；"请按任意键继续..."表示按下任意键后，输出窗口消失，此时可以继续对源程序进行修改等其他操作。

5. 打开已有源文件

如需打开已有的 C 程序的源文件，可在菜单栏中选择"文件"→"打开文件或项目"，如图 1-1-13 所示。

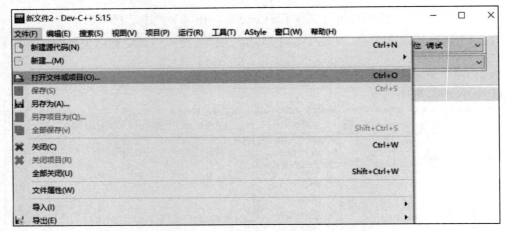

图 1-1-13　打开已有源文件

　　选择已保存 C 源文件路径的文件夹，打开后缀为.c 的文件，如图 1-1-14 所示。打开源文件后可对 C 程序进行相关操作。

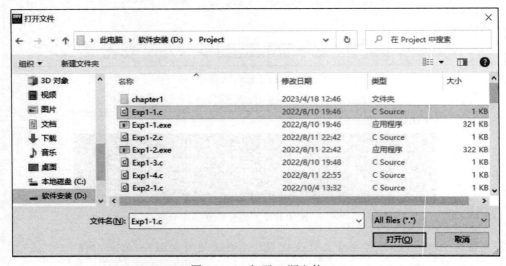

图 1-1-14　打开 C 源文件

1.3.2　使用 Visual Studio 2010 运行程序

1.　安装 Visual Studio 2010 编译系统

　　如果计算机中未安装 Visual Studio 2010，则需先安装。找到 Visual Studio 2010 安装文件，执行 setup.exe，按照提示进行安装。如只需使用 C 语言编译程序，可在选择要安装的功能处选中"自定义"单选按钮，选择 Visual C++即可，如此可降低计算机安装空间容量，如图 1-1-15 和图 1-1-16 所示。

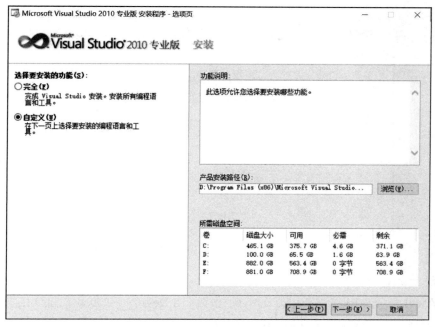

图 1-1-15　Visual Studio 2010 选择要安装的功能

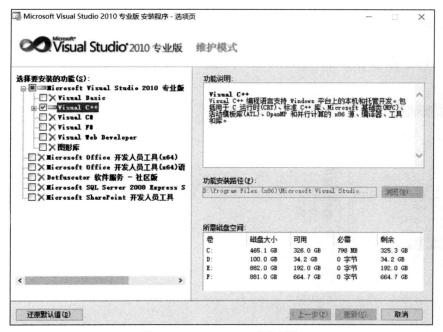

图 1-1-16　Visual C++安装过程

2. 启动 Microsoft Visual Studio 2010

启动 Visual Studio 2010 有多种方法，如：①双击桌面上的 Microsoft Visual Studio 2010 图标启动系统；②单击"开始"菜单，选择"程序"，选择 Microsoft Visual Studio 2010 启动。启动后进入 Visual Studio 2010 起始界面，如图 1-1-17 所示。

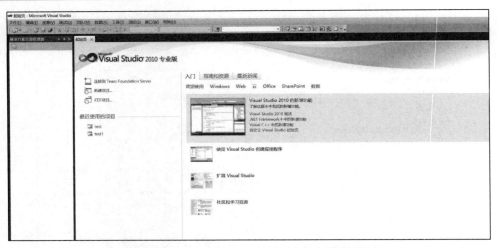

图 1-1-17　Microsoft Visual Studio 2010 起始界面

3. 新建一个 C 源程序方法

使用 Visual C++2010 编写和运行一个 C 程序，比 Dev C++更复杂，建议在学习期间使用 Dev C++编译环境。在 Visual Studio 2010 中，要先建立一个项目，然后在项目中建立源文件，即使只有一个源程序，也要建立一个项目。

操作步骤如下：

（1）新建项目。在起始界面单击"新建项目"按钮，在此环境下选择 Visual C++模板，选择"Win32 控制台应用程序"，并在下方"名称"栏中命名该项目名称，如图 1-1-18 所示。

图 1-1-18　新建项目

说明：在对话框下方"名称"栏中输入建立新的项目名字（此处命名为 test）。在"位置"栏中输入指定路径，可为系统默认地址，也可以单击"浏览"按钮自行指定路径。"解决方案名称"栏中自动显示项目名称，然后勾选"为解决方案创建目录"，最后单击"确定"按钮。

进入"Win32 应用程序向导"对话框，如图 1-1-19 所示，单击"下一步"按钮。

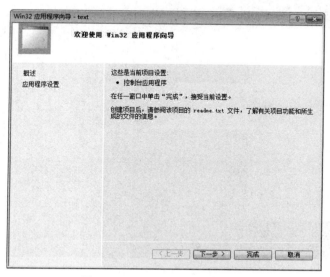

图 1-1-19　Win32 应用程序向导

进入"应用程序设置"对话框，如图 1-1-20 所示，选中"控制台应用程序"单选按钮（表示建立控制台操作的程序），在"附加选项"中勾选"空项目"复选框（表示所建立的项目内容是空的，需要自己添加编辑内容），单击"完成"按钮，一个解决方案 test 和项目 text 创建完成，如图 1-1-21 所示。

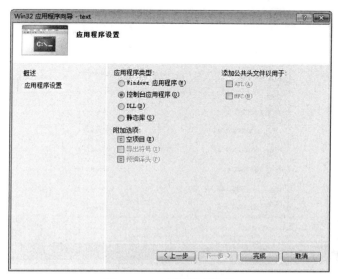

图 1-1-20　应用程序设置

（2）新建源文件。在图 1-1-21 所示界面下创建 C 程序源文件，右击命名项目名称（此处命名 text），选择"添加"→"新建项"。

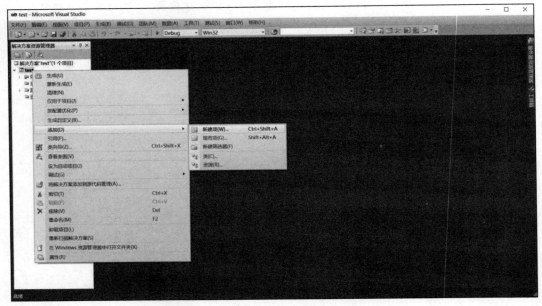

图 1-1-21　新建项目

出现图 1-1-22 所示对话框时选择"C++文件(.cpp)"，在"名称"栏中输入自定义名称，需注意务必在文件名称后面加后缀.c。

图 1-1-22　新建源文件

注意：由于运行的是 C 程序，则 C 源文件后缀为.c；如果运行 C++程序，则后缀名为.cpp。

（3）完成创建一个 C 源文件，可以编辑程序，如图 1-1-23 所示。

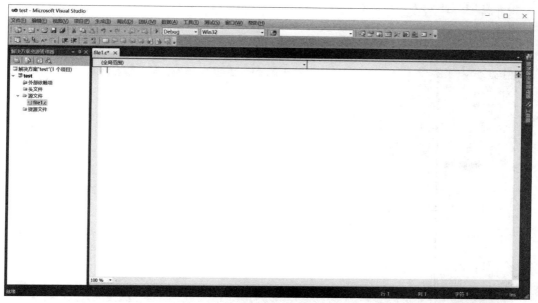

图 1-1-23　完成创建源文件

4. 编辑、编译、连接和运行 C 程序

（1）编辑源程序。同 Dev C++编译环境一样，在 Visual C++2010 环境下，在源文件中编辑给定的源程序代码，如图 1-1-24 所示。

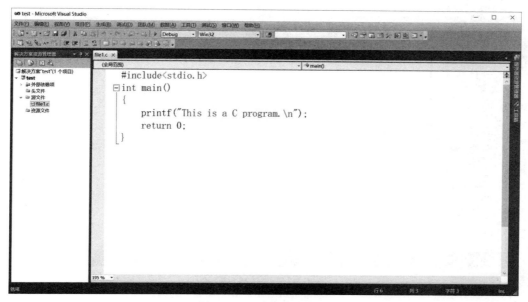

图 1-1-24　编辑程序界面

（2）编译和调试程序。编辑代码完成后，需对源程序进行编译，可在菜单栏中选择"调试"→"启动调试"（或按 F5 键，或单击 ▶），如图 1-1-25 所示。

说明：此处为了检验代码语法错误，在 printf()函数后少写了 ";"。

图 1-1-25 编译界面

若源程序代码有语法错误，则弹出生成错误对话框，在对话框中选择"否"，在下方的输出对话框中查看错误原因，并根据错误提示修改代码，如图 1-1-26 所示。

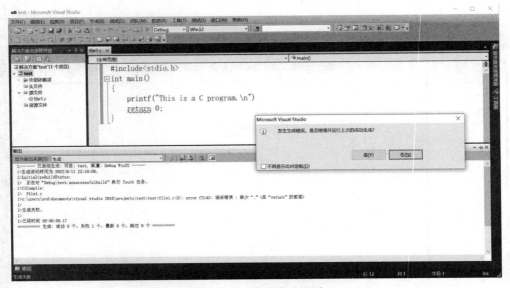

图 1-1-26 编译错误界面

查找程序代码中的错误，在界面下方对话框双击错误提示，则可以自动跳转到源程序出

错的行或者附近行（这里指示的是大概位置，错误不一定就在当前行，一般错误在上一行），
如图 1-1-27 所示。

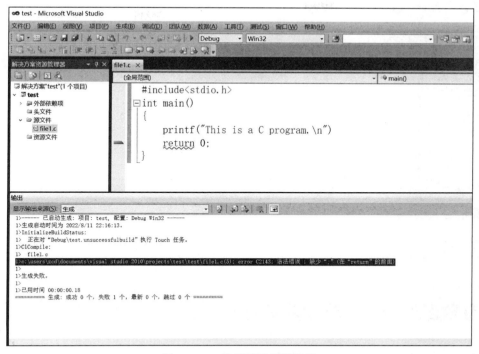

图 1-1-27　编译环境错误提示

根据提示修改错误并重新编译，单击"调试"按钮或者按 F5 键，输出显示"生成：成功
1 个，失败 0 个"，如图 1-1-28 所示，表示代码无语法错误，编译成功生成目标程序。

图 1-1-28　编译成功界面

（3）连接和运行程序。连接源程序，在菜单栏中选择"调试"→"开始执行（不调试）"（或者按快捷键 Ctrl+F5），如图 1-1-29 所示。在弹出对话框选择"是"，运行源程序，即可显示程序的运行结果，如图 1-1-30 所示。

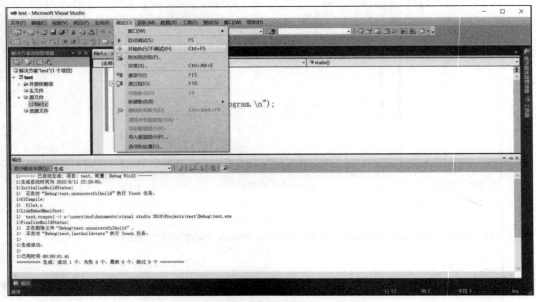

图 1-1-29　连接源程序

图 1-1-30　运行结果

5. 打开已有源文件

如需打开已有的 C 源文件，则操作如下：

（1）启动 Visual Studio 2010，在起始界面中选择"打开项目"（或在菜单栏中选择"文件"→"打开"→"项目/解决方案"，如图 1-1-31 所示），找到保存 C 源文件的路径，并双击项目名称的文件夹，打开项目文件夹，如图 1-1-32 所示。双击项目文件夹下 test1.sln 文件，即可打开已有源文件，如图 1-1-33 所示。

（2）如果修改源文件后，仍保存在原来的文件中，可以选择菜单"文件"→"保存"，或单击工具栏保存图标，或使用快捷键 Ctrl+S 来保存文件。

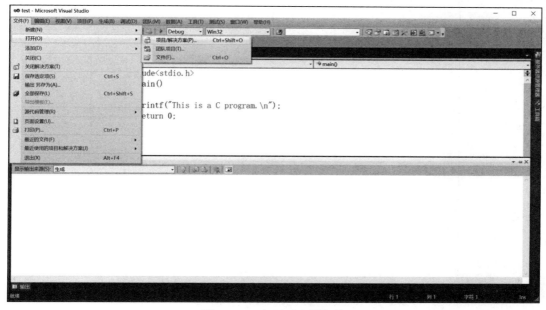

图 1-1-31　打开已有源文件

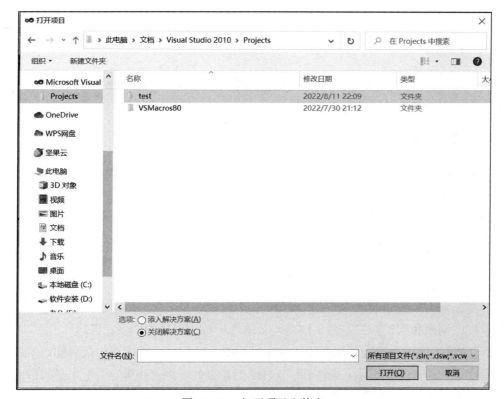

图 1-1-32　打开项目文件夹

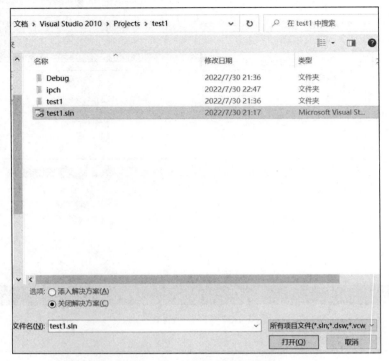

图 1-1-33　打开已有源文件

1.4　程序调试介绍

1.4.1　程序调试

程序调试是指对程序代码的排查，确保运行结果和预期结果无误。调试过程可分为人工静态检查和编译环境动态检查。

（1）人工静态检查是指程序设计人员编辑代码完成后，先自行检查代码是否有明显因疏忽导致的错误，或者某些代码上的逻辑错误。

为了提高检查效率，建议程序设计人员在编写程序时尽力做到以下三点：一是预先设计好算法，按照算法逻辑采用结构化程序方法实现编程；二是程序中包含多种功能时，不要把所有内容都写在主函数 main()中，多利用函数，使用函数调用方式，用一个函数单独实现一个功能，便于程序调试和阅读；三是多加注释，帮助理解每段程序的作用。

（2）编译环境动态检查是指在程序编译过程中系统经过调试检查出代码的语法错误，并给出错误位置和错误类型提示。需注意：有时错误类型并非绝对正确，由于出错的情况繁多而且各种错误互相关联，因此要善于分析，找出真正错误。建议对系统提示的错误信息从上到下逐一改正。

1.4.2　程序的错误类型

（1）语法错误。语法错误指不符合 C 语言的语法规定的错误。例如，语句末尾处漏写分号；关键字拼写错误，如 main 错写为 mian；一对双引号漏写一个等。

可能只因一个小失误，就会导致出现很多错误信息提示，如图 1-1-34 所示。经检查发现 printf()函数中缺少一个双引号，导致程序不能通过编译。

```
1  #include <stdio.h>
2
3  int main () {
4      char c1, c2 ;
5      c1 = 'a' + 1 ;
6      c2 = 'b' + 2 ;
7      printf("%c,%c\n, c1, c2);
8          printf("%d,%d\n", c1, c2);
9          return 0;
10 }
```

行	列	单元	信息
		D:\Project\Exp2-2.c	在此函数中： 'main'：
7	9	D:\Project\Exp2-2.c	[警告] 缺失终止的 " 字符
7	9	D:\Project\Exp2-2.c	[错误] 缺失终止的 " 字符
8	34	D:\Project\Exp2-2.c	[错误] 期待 ')' 在此之前 ';' 符号
8	9	D:\Project\Exp2-2.c	[警告] passing 参数 1 of 'printf' makes pointer 从 integer without a cast [-Wint-conversion]
1		D:\Project\Exp2-2.c	在被包含的文件中 从 D:\Project\Exp2-2.c
557	48	C:\Program Files (x86)\Dev-Cpp\...	[注解] 期待 'const char * restrict' but 参数 is of type 'int'
9	18	D:\Project\Exp2-2.c	[错误] 期待 ';' 在此之前 ')' 符号

图 1-1-34　错误信息

错误提示中出现警告信息，这是对用户的善意提醒，可能存在某些数据精准度上的损失。如果程序能正常运行，且结果无误，警告信息也可忽略，但尽量做到无错误无警告。

（2）逻辑错误。逻辑错误指程序无语法错误，能正常运行，但运行结果不符合预期结果。由于程序设计人员设计算法有误或编辑程序有误，通知给系统的指令与解题的原意不符。如实验 2 中题 5 的第 7 行错误 ave = x + y + z / 2.0; 缺少括号，导致先计算除法再计算加法，计算平均值错误。逻辑错误比语法错误更难被发现，所以需要程序设计人员反复检查和测试。

（3）运行错误。运行错误指在无语法错误也无逻辑错误时，程序仍不能正常运行或结果不对。大多数是因为数据不对、数据本身不合适以及数据类型不匹配造成的。

例如：

```
1.    #include<stdio.h>
2.    int main() {
3.        int a, b, c;
4.        scanf("%d%d", &a, &b);
5.        c = a / b;
6.        printf("%d", c);
7.        return 0;
8.    }
```

输入 b 为非零值时，运行无误；但当 b 为 0 时，运行无结果输出。

输入 8.2 和 3.6 时，运行结果为 0，结果明显不正确，这是由于输入的数据类型是浮点型，与输入格式符%d 不匹配造成的。

1.5　编译环境调试方法

1.5.1　Dev C++调试方法

（1）逐行运行代码。在菜单栏中选择"运行"→"调试"，如图 1-1-35 所示。

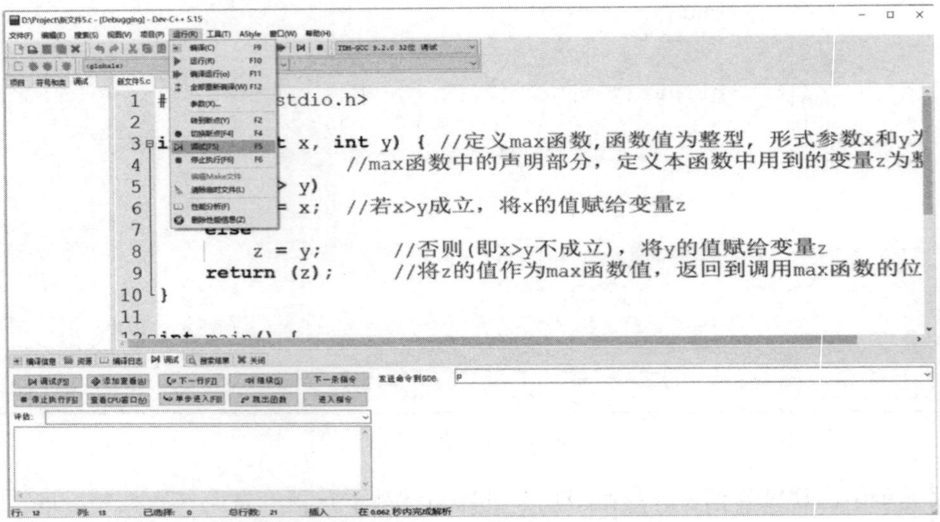

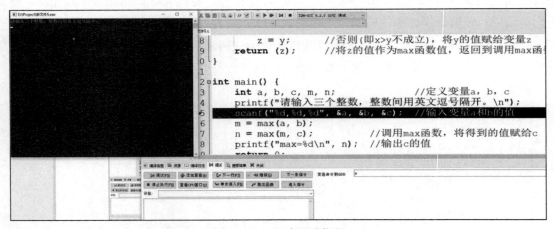

图 1-1-35　逐行运行调试代码

在窗口下方单击"下一行"按钮可以逐行运行代码，根据代码逐步执行操作。此处需要在运行弹窗中输入 3 个数字并用逗号隔开，然后按回车键继续跟踪下一行代码，如图 1-1-36 所示。

图 1-1-36　跟踪调试代码

（2）查看变量的值。在调试窗口单击"添加查看"按钮，输入跟踪的变量名，逐行运行代码后，窗口左侧会显示跟踪变量的值，如图 1-1-37 所示。

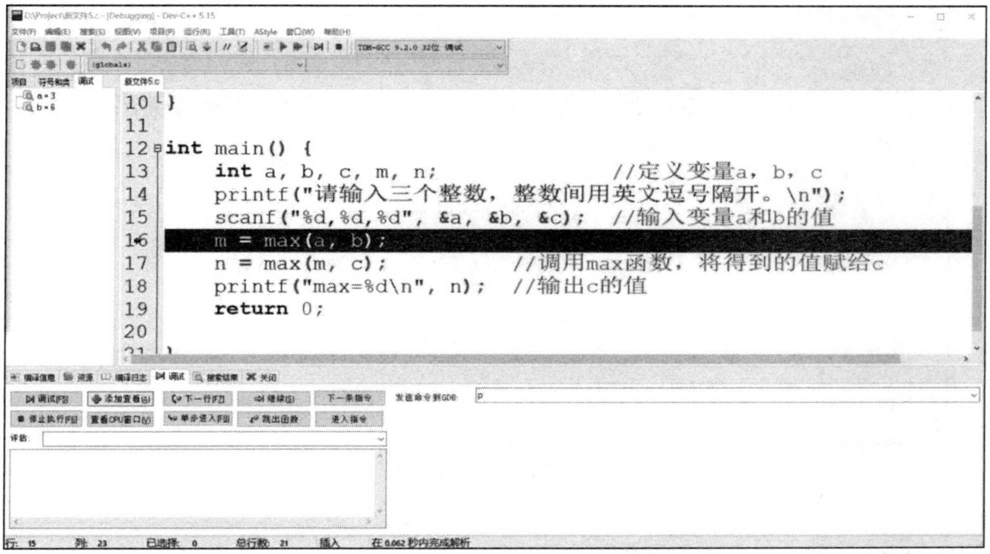

图 1-1-37　查看变量的值

（3）进入被调函数定义过程。如需查看被调函数，当逐行运行到该函数调用语句时，在窗口下方单击"单步进入"，便可查看被调函数的定义情况，如图 1-1-38 所示。单击"跳出函数"按钮可返回到该函数调用语句位置的下一行。

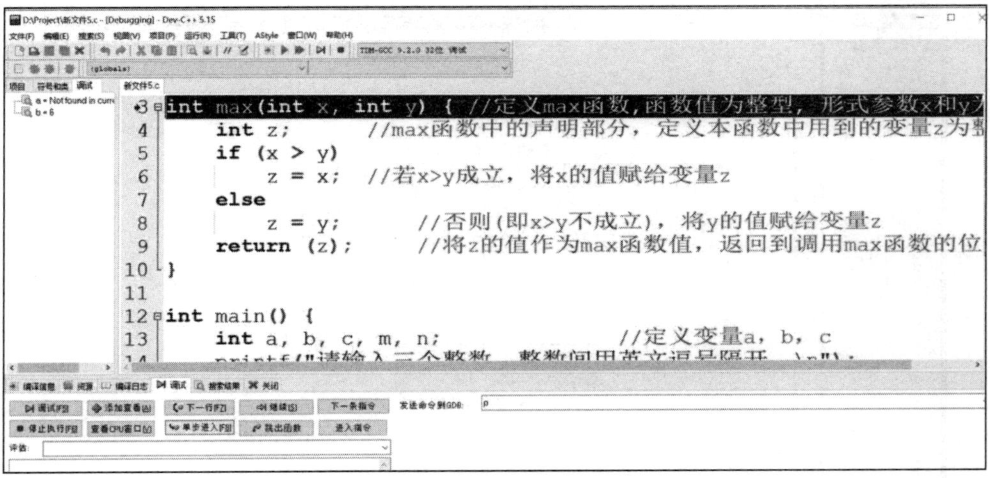

图 1-1-38　查看被调函数

📢 **说明**：如果无需查看被调函数，只需单击"下一行"按钮即可在主函数中执行完成程序运行。

（4）设置断点。程序中包含较多行代码时，为了方便寻找错误位置，可以通过设置断点的方式检查。设置断点后，程序运行时遇到断点程序会结束运行，无需执行完整个程序，有效降低调试时长。设置断点方法有两种：一是单击要设置断点的代码行，在菜单栏中选择"运行"→"切换断点"；二是单击当前行所在的行号，如图 1-1-39 所示。

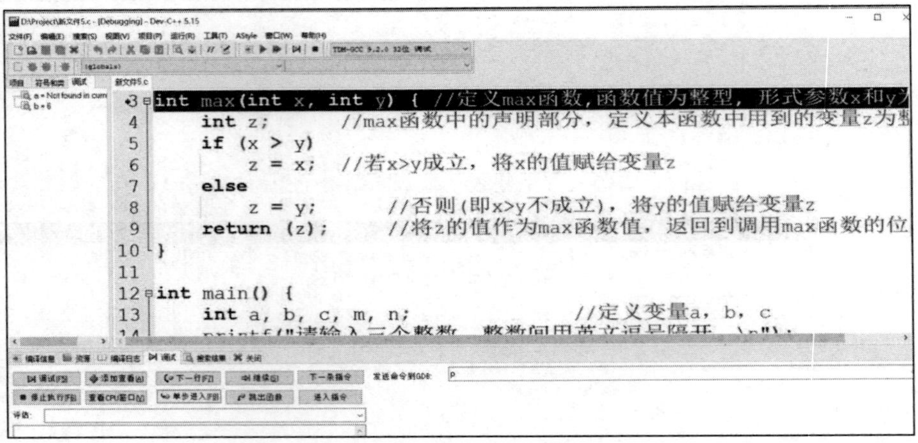

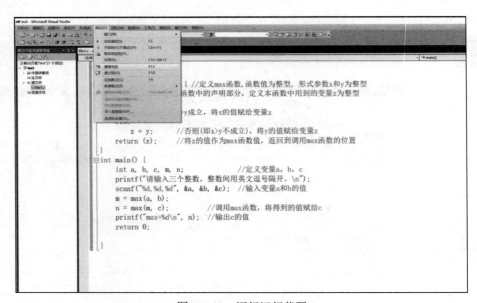

图 1-1-39　设置断点

1.5.2　Visual Studio 2010 调试方法

（1）逐行运行代码。在菜单栏中选择"调试"→"逐语句"（或按 F11 键），如图 1-1-40 所示。

图 1-1-40　逐行运行代码

继续逐步调试，可单击菜单栏中逐语句图标 或按 F11 键，键盘输入方式与 Dev C++一致。逐语句执行过程会按照代码指令逐条执行，包括执行被调函数的每行语句。

（2）查看变量的值。在 Visual Studio 2010 环境中可直接在"自动窗口"中查看程序中定义变量的值，其他方式同 Dev C++，逐行运行代码查看结果，如图 1-1-41 所示。

图 1-1-41　查看变量的值

（3）逐过程运行代码。逐过程运行代码用于直接查看调用函数的结果，无需查看被调函数的定义过程。在菜单栏中选择"调试"→"逐语句"（或按 F10 键），运行函数调用语句时，窗口下方可直观显示当前函数调用的结果值，如图 1-1-42 所示。

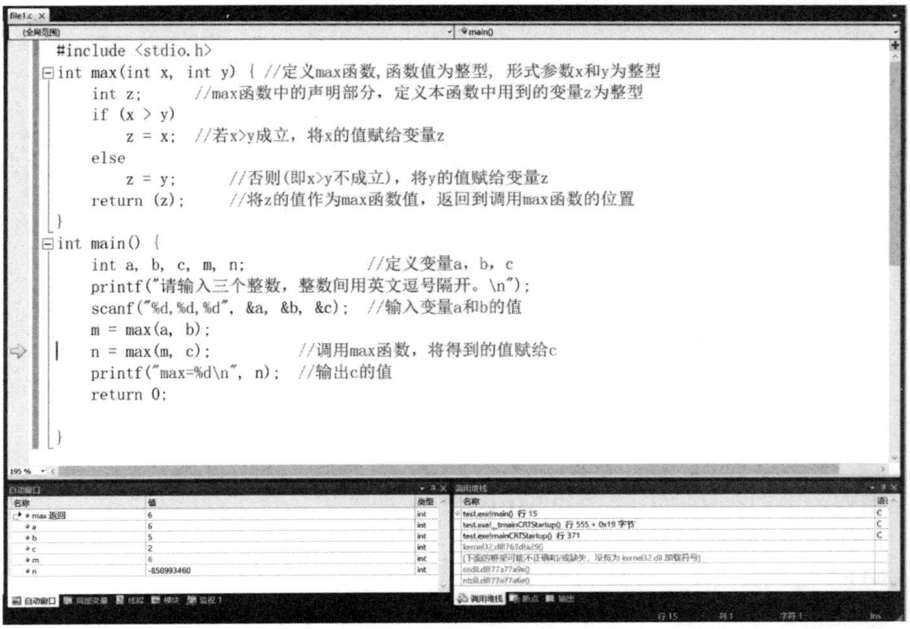

图 1-1-42　逐过程调试代码

（4）设置断点。在菜单栏中选择"调试"→"新建断点"或单击当前行的行号处，如图 1-1-43 所示。

图 1-1-43　设置断点

1.6　应用型实验

题 1. 输入下面的程序，并保存为 Exp1-1.c。

```
1.    #include<stdio.h>
2.    int main() {
3.        printf("    *\n");
4.        printf("   ***\n")
5.        printf("  *****\n");
6.        return 0;
7.    }
```

（1）编译程序 Exp1-1.c，改正所提示的语法错误，并分析错误产生的原因。

（2）查看运行结果。

题 2. 输入下面的程序，并保存为 Exp1-2.c。

```
1.    #include<stdio.h>
2.    int main() {
3.        int a, b, c, max;
4.        printf("请输入 3 个数字，用逗号隔开\n");
```

```
5.      scanf("%d,%d,%d", &a, &b, &c);
6.      max = a;
7.      if (max < b)
8.         max = b;
9.      if (max < c)
10.        max = c;
11.     printf("3 个数中最大的数是%d\n", max);
12.     return 0;
13.  }
```

（1）编译 Exp1-2.c 并运行程序，分析运行结果。

（2）将 Exp1-2.c 中的第 5 行替换为 scanf("%d%d%d", &a, &b, &c) ;，分析运行结果，为什么会出错？怎么修改？

题 3. 编写程序 Exp1-3.c，实现程序运行时输出下面内容：

============

Hello World!

============

提示：此题只需使用 printf()输出函数，在 printf()函数中将每行的字符用双引号引起，使用转义符"\n"进行换行。

题 4. 编写程序 Exp1-4.c，参照题 1 程序，实现运行时输出由*组成的心形状，如图 1-1-44 所示。

```
   ***       ***
 ****** ******
 ***********
  *********
   *******
    *****
     ***
      *
```

图 1-1-44　心形状

提示：此题需使用 printf()输出函数，其中空白处使用空格填充。

实验 2　数据类型与表达式

2.1　知识点回顾

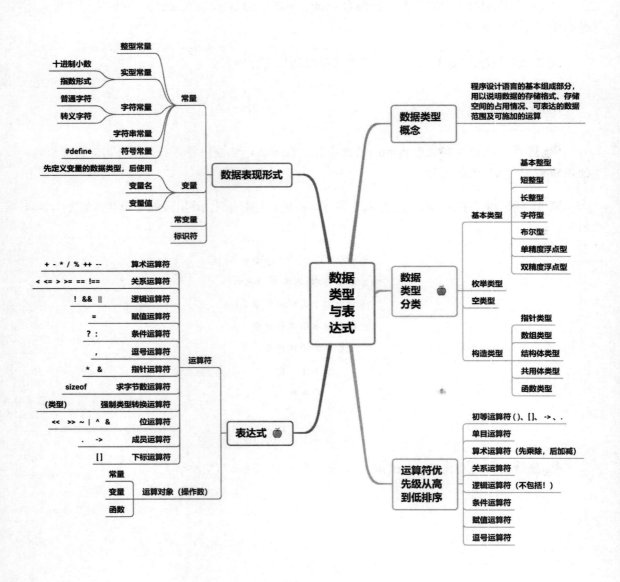

2.2　实　验　目　的

（1）掌握 C 语言中基本数据类型的特点，熟悉各类数据类型变量的定义及使用方法。

（2）掌握 C 语言数据类型的运算及转换。

（3）掌握各类 C 语言算术运算符的使用方法，特别是自加（++）和自减（--）运算符的使用。

（4）进一步熟悉 C 程序的编辑、编译、连接和运行的过程。

2.3　基础型实验

题 1. 输入下面的程序，并保存为 Exp2-1.c。

```
1.    #include<stdio.h>
2.    int main ( ) {
3.        int a, c;
4.        short b;
5.        unsigned int u, d;
6.        unsigned short us;
7.        a = 215;
8.        b = -32768;
9.        u = 20;
10.       c = a + u;
11.       d = b + u;
12.       printf("a+u=%d,b+u=%u\n", c, d);
13.       a = 32767;
14.       b = a + 1;
15.       us = a + 1;
16.       printf("a=%d,b=%d,us=%u\n", a, b, us);
17.       return 0;
18.   }
```

（1）编译并运行程序 Exp2-1.c，分析运行结果。

（2）编译程序 Exp2-1.c，观察程序中是怎么样定义和使用整型变量的，将第 3～6 行的变量定义语句和第 7～11 行的变量赋值语句对调一下，分析程序中的变量是否可以"先使用后定义"？

（3）Exp2-1.c 执行结果存在逻辑错误，请分析错误原因，并修改程序后得到正确的结果。

题 2. 输入下面的程序，并保存为 Exp2-2.c。

```
1.    #include<stdio.h>
2.    int main () {
3.        char c1, c2 ;
4.        c1 = 'a' + 1 ;
5.        c2 = 'b' + 2 ;
```

```
6.      printf("%c,%c\n", c1, c2);
7.      printf("%d,%d\n", c1, c2);
8.      return 0;
9.    }
```

（1）编译并运行程序 Exp2-2.c，分析运行结果。

（2）将 Exp2-2.c 中的第 3 行修改为 int c1, c2 ;，分析运行结果。

（3）将 Exp2-2.c 中的第 4 行修改为 c1=97+1;，第 5 行修改为 c2=98+2;，分析运行结果。

（4）观察 int 型和 char 型是否可以进行算术运算？在什么情况下两者可以相互转换？

（5）将 Exp2-2.c 中的第 4 行修改为 c1="a"+1;，第 5 行修改为 c2 = "b"+2;，分析运行结果。

题 3. 输入下面的程序，并保存为 Exp2-3.c：

```
1.    #include<stdio.h>
2.    int main () {
3.      int a, b = 30;
4.      float f1, f2 = 2.0;
5.      double d1, d2 = 2.125;
6.      a = b + f2;
7.      f1 = b + f2;
8.      printf("a=%d,f1=%f,f2=%f\n", a, f1, f2);
9.      a = f1 + f2 ;
10.     f1 = f1 + f2 ;
11.     d1 = d2 + f2 ;
12.     printf("a=%d,f1=%f,d1=%f,d2=%f\n", a, f1, d1, d2);
13.     return 0;
14.   }
```

（1）编译并运行程序 Exp2-3.c，分析运行结果。

（2）将 Exp2-3.c 中的第 6、7、9、10、11 行加法（+）计算分别改为整除（/）和取余（%）计算，分析运行结果。

题 4. 输入下面的程序，并保存为 Exp2-4.c。

```
1.    #include<stdio.h>
2.    int main() {
3.      int a, b, c, d ;
4.      a = 3 ;
5.      b = 9 ;
6.      c = ++a ;
7.      d = b++;
8.      printf("a=%d,b=%d,c=%d,d=%d", a, b, c, d);
9.      return 0;
10.   }
```

（1）编译并运行程序 Exp2-4.c，分析运行结果，注意 a、b、c、d 各变量计算的值。

（2）将 Exp2-4.c 中的第 6 行修改为 c=a++;，第 7 行修改为 d=++b;，分析运行结果。

（3）删除 Exp2-4.c 中的第 6、7 行，将第 8 行修改为 printf("a=%d,b=%d", a++, ++b);，分

析运行结果。

（4）在上次修改的基础上，将第 8 行修改为 printf("%d,%d,%d,%d", a, b,++a, b++);，分析运行结果。

（5）将 Exp2-4.c 中的代码修改为：

```
1.   #include<stdio.h>
2.   int main() {
3.     int a, b, c = 0, d = 0 ;
4.     a = 3 ;
5.     b = 9 ;
6.     c += ++a;
7.     d -= b--;
8.     printf("a=%d,b=%d,c=%d,d=%d", a, b, c, d);
9.     return 0;
10.  }
```

编译并运行程序，分析运行结果，注意 a、b、c、d 各变量计算的值。

题 5. 输入下面的程序，并保存为 Exp2-5.c。

```
1.   #include<stdio.h>
2.   int main() {
3.     int x; y;
4.     float ave;
5.     printf("请输入 2 个数：\n");
6.     scanf("%d,%d", x, y);
7.     ave = x + y  / 2.0;
8.     printf("平均值是:ave=%.2f", AVE);
9.     return 0;
10.  }
```

编译并运行程序 Exp2-5.c，第 3、8 行存在语法错误，第 6、7 行存在逻辑错误，请改正所提示的错误，并分析错误产生的原因。

2.4　应用型实验

题 6. 编写程序 Exp2-6.c，用键盘输入一个整数，实现这个数的平方和立方的计算。

算法分析

（1）定义整数变量（如 int i），变量 i 用来存储数值。

（2）用键盘输入一个整数，需要调用输入函数 scanf()，注意 scanf() 函数的格式要求。

（3）计算一个数的平方，可以使用乘（*）算术运算符，自身数值乘以自身数值（如 i*i），立方同理。

（4）调用输出函数 printf()，输出平方和立方的结果。

题 7. 编写程序 Exp2-7.c，用键盘输入两个小数，分别实现这两个小数的加减乘除运算。

算法分析

（1）需定义两个单精度（或双精度）浮点数变量（如 float a,b），变量 a 和 b 用来存储数值。

（2）用键盘输入两个小数，需调用输入函数 scanf()，注意 scanf()函数中两个数的输入格式要求。

（3）调用输出函数 printf()，输出两个数加、减、乘、除的结果。

题 8. 编写程序 Exp2-8.c，用键盘输入一个华氏温度数值，根据转换公式计算出摄氏温度数值，并输出结果，实现温度转换。

转换公式为：c=5/9(f-32)。其中，f 代表华氏温度，c 代表摄氏温度。

算法分析

（1）由于温度存在小数计数，需定义两个单精度（或双精度）浮点数变量（如 float f,c），变量 f 和 c 分别用来存储华氏温度和摄氏温度数值。

（2）用键盘输入华氏温度值，需要调用输入函数 scanf()。

（3）运用转换公式，将华氏温度转换后的摄氏温度值赋值给变量 c。注意，此处变量 c 为浮点型，计算时整除数值需加上小数点。

（4）调用 printf()函数，输出摄氏温度变量 c 的数值结果，并取小数点后 2 位。

题 9. 编写程序 Exp2-9.c，用键盘输入一个圆形半径长度，分别计算该圆形的面积和周长。其中，要求 π 使用符号常量 PI 表示，符号常量语句放在头文件下方、主函数上方位置。

符号常量语句：#define PI 3.14

算法分析

（1）根据圆形面积公式 $S=\pi r^2$，圆形周长公式 $L=2\pi r$，需定义 3 个浮点型变量（如 float r,S,L），变量 r、S、L 分别用来存储圆的半径、面积、周长值。

（2）用键盘输入一个圆形半径长度，需要调用输入函数 scanf()，注意 scanf()函数输入格式，浮点型用%f 表示。

（3）按照计算公式书写出代码指令，注意每行语句末尾处以分号结尾。

（4）调用输出函数 printf()，分别输出圆面积 S 的值和周长 L 的值。

题 10. 编写程序 Exp2-10.c，假设我国国民生产总值的年增长率为 5%，计算 6 年后我国国民生产总值与现在相比增长多少百分比。

算法分析

计算公式为：$p=(1+r)^n$。其中，r 为年增长率，n 为年数，p 为与现在相比的倍数。

🔰**注意**：调用数学运算文件库函数中 pow(x,y)函数，表示求 x 的 y 次幂(次方)。

```
#include<math.h>
pow((1+r),n);
```

实验 3 顺序结构程序设计

3.1 知识点回顾

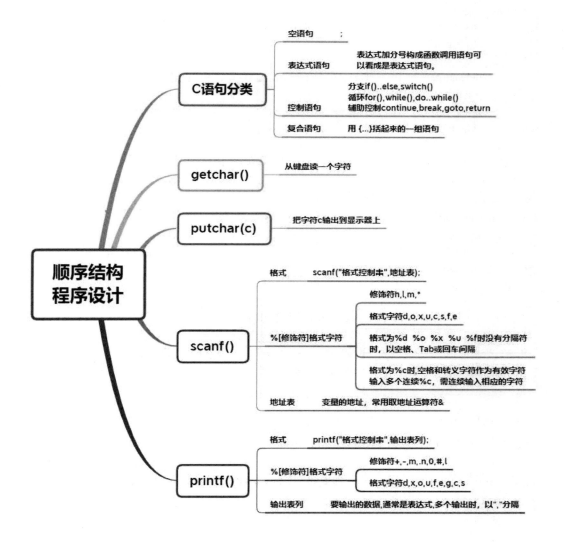

3.2 实 验 目 的

（1）掌握标准输入输出函数的使用。

（2）熟练使用数据类型、变量和常量。

（3）初步具备使用顺序结构解决数学问题的能力。

（4）培养良好的编码习惯。

3.3　基础型实验

题 1. 输入下面的程序，并保存为 Exp3-1.c。

```
1.    #include<stdio.h>
2.    int main() {
3.        char ch1, ch2;
4.        ch1 = getchar()
5.        ch2 = getchar();
6.        putchar(getchar());
7.        printf("%c", ch1);
8.        print("%c\n", ch2);
9.        return 0;
10.   }
```

编译程序，改正所提示的语法错误，并分析错误产生的原因。

题 2. 输入下面的程序，并保存为 Exp3-2.c。

```
1.    #include<stdio.h>
2.    int main() {
3.        short i = -1, j = -2;
4.        unsigned short a, b;
5.        a = i;
6.        b = j;
7.        printf("%d,%d\n", i, j); //%d，有符号十进制输出
8.        printf("%u,%u\n", a, b); //%u，无符号十进制输出
9.        printf("%d,%hu,%ho,%hx\n", i, i, i, i); //%hu，无符号十进制短整型输出
10.       printf("%d,%hu,%ho,%hx\n", j, j, j, j);
11.       return 0;
12.   }
```

（1）编译并运行程序，分析运行结果。

（2）将 Exp3-2.c 中的第 9 行修改为 printf("%d,%u,%o,%x\n", i, i, i, i);，分析运行结果。

题 3. 输入下面的程序，并保存为 Exp3-3.c，编译并运行程序，分析运行结果。

```
1.    #include<stdio.h>
2.    int main() {
3.        int a = 123;
4.        long L = 65537;
5.        double f = 2.5e5;
6.        char ch = 'A';
7.        printf("a = %6d------------a(= %%6d)\n", a); //%md m 为输出宽度，右对齐，左补空格
```

```
8.      printf("a = %+6d-----------a(= %%+6d)\n", a); // %+md +表示整数前加符号
9.      printf("a = %-6d-----------a(= %%-6d)\n", a); //%-md -表示左对齐，右补空格
10.     printf("L = %ld-------------a(= %%ld)\n", L);   //%ld 以长整型输出
11.     printf("L = %hd----------------a(= %%hd)\n", L); //%hd 以短整型输出
12.     printf("f =%15.4lf-------(f = %%15.4lf)\n", f); //%m.nf n 为小数点位数
13.     printf("f = %15.4E-------(f = %%15.4E)\n", f);
14.     printf("char = %c-----------(char = %%c)\n", ch);
15.     printf("char = %4c---------(char = %%4c)\n", ch);
16.     printf("string = %s---------(char = %%s)\n", "National Day");
17.     printf("string = %12.3s--------(char = %%12.3s)\n", "National Day"); // %m.ns n 表示取字符串的
        前 n 个字符输出
18.     return 0;
19.  }
```

题 4. 输入下面的程序，并保存为 Exp3-4.c。

```
1.   #include<stdio.h>
2.   int main() {
3.       char ch1, ch2, ch3;
4.       int a, b;
5.       float f;
6.       printf("请输入 3 个字符：");
7.       scanf("%c%c%c", &ch1, &ch2, &ch3);
8.       printf("ch1=%c,ch2=%c,ch3=%c\n", ch1, ch2, ch3);
9.       printf("请输入 2 个整数：");
10.      scanf("%d%d", &a, &b);
11.      printf("a=%d,b=%d\n", a, b);
12.      printf("请输入 1 个整数和 1 个浮点型数：");
13.      scanf("%3d%*5d%f", &a, &f);
14.      printf("a=%d,f=%7.2f", a, f);
15.      return 0;
16.  }
```

（1）编译并运行程序，先输入 ABC，再输入 66<空格>92，最后输入 123456789，分析运行结果。

（2）删除程序第 9～14 行，运行程序时输入 A<空格>BC，运行结果会发生什么变化？

（3）删除程序第 9～14 行，将第 7 行中的%c%c%c 修改为%3c%3c%3c，运行程序时输入 LoveCHINA，运行结果发生什么变化？

（4）删除程序第 9～14 行，将第 7 行修改为 scanf("ch1=%c,ch2=%c,ch3=%c", &ch1, &ch2, &ch3);，运行程序时该如何输入才能正确？

3.4 应用型实验

题 5. 用键盘输入一个 3 位整数，把它的个位数字、十位数字、百位数字分别输出到显示器屏幕上。如果输入 492，那么输出为 294。输入下面的程序，并保存为 Exp3-5.c。

```
1.    #include<stdio.h>
2.    int main() {
3.        int n, gewei, shiwei, baiwei;
4.        scanf("%3d", &n); //调用输入函数，输入变量 n 的值，n=853
5.        baiwei = n / 100;
6.        shiwei = n / 10 % 10;
7.        gewei = n % 10;
8.        printf("%d%d%d", gewei, shiwei, baiwei); //调用输出函数，输出 358
9.        return 0;
10.   }
```

（1）编译并运行程序，用键盘输入 521，分析运行结果。

（2）将 Exp3-5.c 中第 6 行代码修改为 shiwei = (n-baiwei*100)/10;，编译并运行程序，用键盘输入 359，分析运行结果。

（3）继续修改程序，将第 8 行代码修改为 printf("%d",gewei * 100 + shiwei * 10 + baiwei * 1);，用键盘输入 123456789，分析运行结果。

题 6. 从键盘上输入两个整数变量 a、b，要求交换两个变量的值。输入下面的程序，并保存为 Exp3-6-1.c。

```
1.    #include<stdio.h>
2.    int main() {
3.        int a, b;
4.        scanf("%d%d", a, b);      //输入变量 a、b 的值，a=6，b=4
5.        a = a + b;     //a=6+4=10
6.        b = a - b;     //b=10-4=6
7.        a = a - b;     //a=10-6=4
8.        printf("a=%d,b=%d, a, b");      //输出交换后的 a、b 的值
9.        return 0;
```

（1）编译程序，改正程序中的 3 处错误，并分析错误产生的原因。

（2）通过键盘输入 6<空格>4，运行结果如何？输入的两个数之间用逗号间隔，运行结果又如何？

（3）如果程序通过中间变量 t 完成 a、b 互换，请编写程序，保存为 Exp3-6-2.c。

题 7. 用两种方式实现用键盘输入一个大写字母，然后在屏幕中显示对应的小写字母。比如用键盘输入 A，屏幕上会出现字母 a。

提示：C 语言中有标准的输入函数 scanf() 和输出函数 printf()，当输入输出的内容是单字符时，可以用 putchar() 函数和 getchar() 函数。字符是可以参与运算的，它们在运算时会通过 ASCII 码转换成对应的十进制数来进行，大小写字母之间差了 32，且大写字母比小写字母小。

编写程序 Exp3-7.c，其算法流程图如图 1-3-1 所示。

运行程序，输入 ch 的值 A，检查输出的值是否正确。

题 8. 编写程序 Exp3-8.c，依次输入某位学生的数学、英语和计算机课程的成绩，计算并

输出该学生 3 门课程的平均分，保留小数点后 2 位。

提示：需要三个变量分别接收数学、英语和计算机课程的成绩，这就得要先思考变量的数据类型。目前高校的成绩一般都是按整数处理，当求平均分时，需要用 3 个成绩之和除以 3，那么这种情况下就出现了两个整数相除不一定是整数的问题。一种方法只把 3 变成 3.0，那成绩和也会自动转换成浮点型；另外一种方法是一开始就将成绩定义成浮点型，输入数据时，不带小数点就可以。对于浮点数系统默认情况是要输出小数点后 6 位，这里可以借助%.2f 的格式实现保留小数点后 2 位。

程序 Exp3-8.c 算法流程图如图 1-3-2 所示。

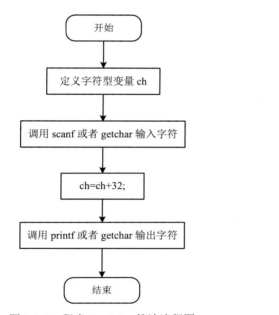

图 1-3-1　程序 Exp3-7.c 算法流程图

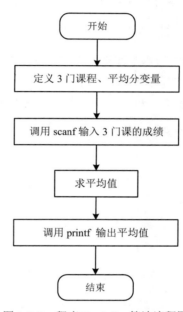

图 1-3-2　程序 Exp3-8.c 算法流程图

（1）运行程序，输入各门课程的成绩为 85、99、69，检查输出的值是否正确。

（2）运行程序，输入各门课程的成绩为 65.5、86.4、92.6，检查输出的值是否正确。

题 9. 输入三角形的 3 条边长 a、b、c，求该三角形的面积。

提示：面积 = $\sqrt{s(s-a)(s-b)(s-c)}$，其中 $s = (a+b+c)/2$，求平方根可以用函数 sqrt(n)。使用数学函数需调用 math.h 函数库。

编写并运行程序，输入三角形的 3 条边长 3、4、5，检查输出的值是否正确。

题 10. 鸡兔同笼问题是中国古代的数学名题之一，古书中是这样描述的：今有雉（鸡）兔同笼，上有三十五头（35 个头），下有九十四足（94 条腿），问鸡兔各几只？编程解出答案。

提示：假设鸡有 x 只，兔有 y 只，由已知条件可列方程如下：

$$\begin{cases} x + y = 35 \\ 2x + 4y = 94 \end{cases}$$

求解方程可得

$$\begin{cases} x = 35 \times 2 - 94 / 2 \\ y = (94 - 35 \times 2) / 2 \end{cases}$$

题 11. 任意输入 a、b、c 的值，求得并输出当 y = 0 时，$y = ax^2 + bx + c$ 的解。

提示：根据已知条件可知，方程 $ax^2 + bx + c = 0$ 有两个实根，需要 $a \neq 0$，且 $b^2 - 4ac \geqslant 0$。这两个实根分别为 $s_1 = (-b + \sqrt{b^2 - 4ac}) / 2a$，$s_2 = (-b - \sqrt{b^2 - 4ac}) / 2a$，此处需要调用数学函数 sqrt(n)。

（1）运行程序，输入 a、b、c 的值为 1、1、−6，检查输出的值是否正确。

（2）运行程序，输入 a、b、c 的值为 1、6、9，检查输出的值是否正确。

题 12. 输入平面中的两个点 A、B 的坐标(x_1,y_1)和(x_2,y_2)，要求分别输出两点的坐标，最后在屏幕中显示出两点的距离。

提示：两个点 A、B 坐标为(x_1,y_1)和(x_2,y_2)，如图 1-3-3 所示。根据数学知识可知，两点的距离为 $d = \sqrt{(x_2 - x_1)^2 + (y_2 - y_1)^2}$，此处需要调用数学函数 sqrt(n)和 pow(x,y)。

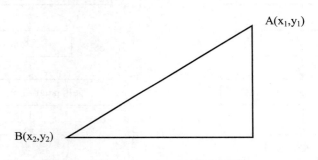

图 1-3-3　A、B 两点坐标图

运行程序，输入两个点 A、B 坐标为(3,4)和(−1,2)，检查输出的值是否正确。

3.5　历　年　真　题

题 13. 阅读下面的程序：

```
1.    #include<stdio.h>
2.    int main() {
3.        char m[80];
4.        int c, i;
5.        scanf("%c", &c);
6.        scanf("%d", &i);
7.        scanf("%s", &m);
8.        printf("%c,%d,%s\n", c, i, m);
9.        return 0;
10.   }
```

执行程序时输入 456<空格>789<空格>123<回车>，大脑模拟运行程序，并分析程序的输出结果［2021 年 9 月全国计算机等级考试（二级 C 语言）真题］。

编译运行程序 Exp3-13.c，对比分析模拟运行与实际运行的差别及原因。

题 14. 阅读下面的程序：

```
1.    #include<stdio.h>
2.    int main() {
3.        int a = 1, b = 2, c = 3, d;
4.        c = (a += b,, b += a);
5.        d = C;
6.        printf("%f,%f,%f\n", a, b, c);
7.        return 0;
8.    }
```

大脑模拟运行程序，并分析程序的输出结果［2019 年 3 月全国计算机等级考试（二级 C 语言）真题］。

（1）编译程序 Exp3-14.c，修改程序中的 3 处错误，并分析错误产生的原因。

（2）编译并运行程序 Exp3-14.c，对比分析模拟运行与实际运行的差别及原因。

实验 4 选择结构程序设计

4.1 知识点回顾

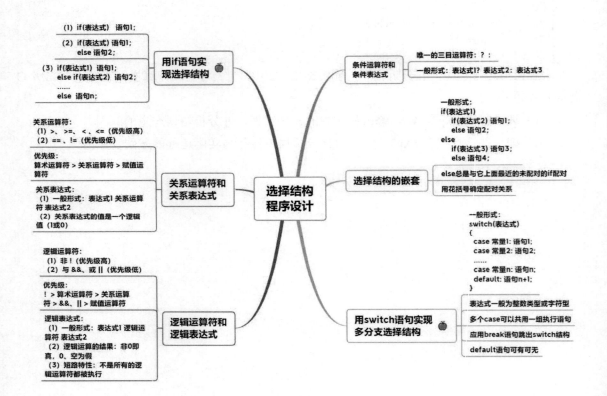

4.2 实 验 目 的

（1）了解 C 语言表示逻辑量的方法（以 0 代表"假"，以非 0 代表"真"），学会正确使用关系表达式和逻辑表达式表示条件判断。

（2）熟练掌握 if 语句的使用方法（包括 if 语句的嵌套）。

（3）熟练掌握多分支选择语句——switch 语句的使用方法。

（4）学会使用选择结构和条件判断解决实际问题。

（5）结合程序掌握一些简单的算法，进一步学习调试程序的方法。

4.3　基础型实验

题 1. 输入两个数的值，并比较大小，如果 x=y，输出"x>=y"，否则输出"x<y"。输入下面的程序，并保存为 Exp4-1.c。编译程序，改正所提示的语法错误，并分析错误产生的原因。

```
1.    #include<stdio.h>
2.    int main() {
3.        int x, y;
4.        scanf("%d %d", &x, &y);
5.        if (x >= y)
6.        then printf("x>=y");
7.        printf ("x<y");
8.        return 0;
9.    }
```

题 2. 假设 a=3，b=4，c=5，编写程序求解逻辑表达式"a+b>c && b==c"的值，并保存为 Exp4-2.c。

```
1.    #include<stdio.h>
2.    int main() {
3.        int a = 3, b = 4, c = 5, d;
4.        d = a + b > c && b == c;
5.        printf("d=%d\n", d);
6.        return 0;
7.    }
```

（1）编译并运行程序，分析运行结果。

（2）将 Exp4-2.c 第 4 行中的 && 修改为 ||，编译并运行程序，分析运行结果。

（3）请修改程序 Exp4-2.c，定义 x=0，y=0，并将第 4 行赋值号=右边的逻辑表达式修改为 !(x=a)&&(y=b)&&0，在 printf()函数中增加 x 和 y 变量的输出，编译并运行程序，分析运行结果。

题 3. 输入下面的程序，并保存为 Exp4-3.c。

```
1.    #include<stdio.h>
2.    int main() {
3.        int x;
4.        printf("**********时间表**********\n");
5.        printf("1   早上\n");
6.        printf("2   下午\n");
7.        printf("3   晚上\n");
8.        printf("***********************\n");
9.        printf("请输入您的选择：");
10.       scanf("%d", &x);
11.       switch (x) {
12.           case 1:   printf("Good morning.\n");
13.           case 2:   printf("Good afternoon.\n");
14.           case 3:   printf("Good evening.\n");
15.       }
```

16.   **return** 0;

17.   }

（1）编译并运行程序，用键盘输入 2，分析运行结果。

（2）在 Exp4-3.c 中第 13 行代码后增加语句：

break;

编译并运行程序，用键盘输入 2，分析运行结果。

（3）继续修改程序，用键盘分别输入 1、3、5，使运行结果分别如图 1-4-1 至图 1-4-3 所示。

图 1-4-1 输入 1 的运行结果   图 1-4-2 输入 3 的运行结果   图 1-4-3 输入 5 的运行结果

题 4. 有一函数如下，请编写程序 Exp4-4.c，实现输入 x 的值，输出 y 相应的值（用 scanf() 函数）。

$$y = \begin{cases} x, & x < 1 \\ 2x-1, & 1 \leqslant x < 10 \\ 3x-11, & x \geqslant 10 \end{cases}$$

程序 Exp4-4.c 的算法流程图如图 1-4-4 所示。

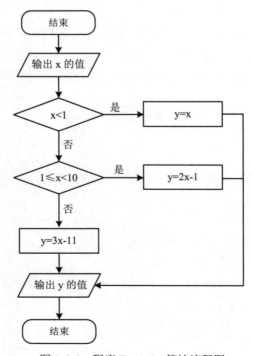

图 1-4-4 程序 Exp4-4.c 算法流程图

运行程序，输入 x 的值（分别为 x＜1、1≤x＜10、x≥10 这 3 种情况，尤其注意边界点），检查输出的 y 值是否正确。

题 5. 用键盘输入一个小于 1000 的正数，要求输出它的平方根（如平方根不是整数，则输出其整数部分）并在输入数据后先检查其是否是小于 1000 的正数。如不是，则提示数据不符合要求，结束运行。

编写程序 Exp4-5.c，其算法流程图如图 1-4-5 所示。

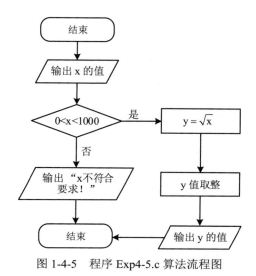

图 1-4-5　程序 Exp4-5.c 算法流程图

提示:

（1）求一个数的平方根可调用函数 sqrt(double x)实现。该函数包含一个 double 类型的形参，返回值也为 double 类型。调用 sqrt()函数需要包含头文件 "math.h"。

（2）浮点数取整可通过强制类型转换实现，其一般形式为:（类型名）（表达式）。

4.4　应用型实验

题 6. 给出一个百分制成绩，要求输出成绩等级 A、B、C、D、E。90 分及以上为 A，80~89 分为 B，70~79 分为 C，60~69 分为 D，60 分以下为 E。

程序 Exp4-6.c 的算法流程图如图 1-4-6 所示。

（1）编写程序，要求分别用 if 语句和 switch 语句实现。

（2）运行程序，分别输入 90、80、70、60、50，观察程序运行结果。

（3）运行程序，输入分数为负值（如-70），观察程序运行结果。

（4）修改程序，使之能正确处理任何数据，当输入数据大于 100 或小于 0 时，通知用户"输入数据错误"，程序结束。编译运行程序并分析结果。

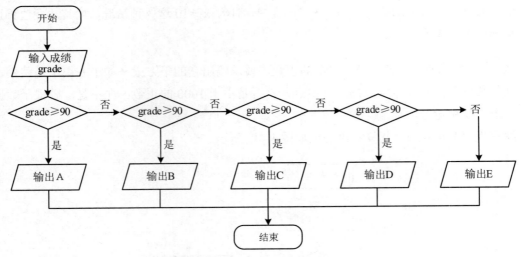

图 1-4-6　程序 Exp4-6.c 算法流程图

题 7. 编写程序 Exp4-7.c，输入 4 位同学的 C 语言课程成绩，要求按从低到高排序输出。

算法分析

将第一位同学的成绩与第二位同学的相比，若成绩较高则交换顺序；继续将第一位同学的成绩与第三位同学的相比，若高则交换；以此类推，一轮比较结束，第一位同学的成绩为最低分。

然后同样方法，将第二位同学的成绩与之后的同学的依次比较，若成绩高则交换，否则不交换。同样，一轮比较结束，此时第二位同学的成绩为倒数第二低分。以此类推。

程序 Exp4-7.c 算法流程图如图 1-4-7 所示。

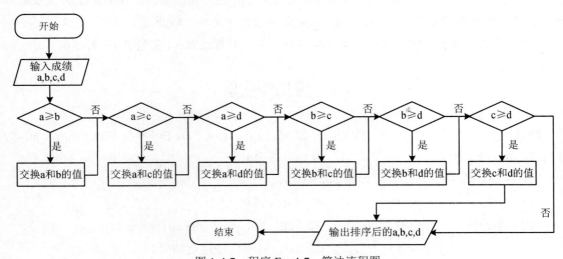

图 1-4-7　程序 Exp4-7.c 算法流程图

修改程序，使之能按成绩从高到低的排序输出。编译运行程序并分析结果。

4.5　历 年 真 题

题 8. 请阅读以下程序：

```c
1.  #include<stdio.h>
2.  int main() {
3.      int a = -5, b = 1, c = 1;
4.      int x = 0, y = 2, z = 0;
5.      if (c > 0)
6.          x = x + y;
7.      if (a <= 0) {
8.          if (b > 0)
9.              if (c <= 0)
10.                 y = x - y;
11.     } else if (c > 0)
12.         y = x - y;
13.     else
14.         z = y;
15.     printf("%d,%d,%d\n", x, y, z);
16.     return 0;
17. }
```

大脑模拟运行程序，并分析程序的输出结果〔2021 年 9 月全国计算机等级考试（二级 C 语言）真题，原题为选择题〕。

编译运行程序 Exp4-8.c，对比分析模拟运行与实际运行的差别及原因。

题 9. 请阅读以下程序：

```c
1.  #include<stdio.h>
2.  int main() {
3.      int a=0,b=1,c=2;
4.      if(++a > 0 || ++b > 0)
5.          ++c;
6.      printf("%d,%d,%d",a,b,c);
7.      return 0;
8.  }
```

大脑模拟运行程序，并分析程序的输出结果〔2021 年 9 月全国计算机等级考试（二级 C 语言）真题，原题为选择题〕。

编译运行程序 Exp4-9.c，对比分析模拟运行与实际运行的差别及原因。

题 10. 请阅读以下程序：

```c
1.  #include<stdio.h>
2.  int main(){
3.      int x = 1, y = 0, a = 0, b = 0;
4.      switch (x) {
```

```
5.          case 1:switch (y) {
6.               case 0: a++;  break;
7.               case 1: b++;  break;
8.             }
9.          case 2: a++;   b++;  break;
10.    }
11.    printf("a=%d,b=%d\n", a, b);
12.    return 0;
13.  }
```

大脑模拟运行程序，并分析程序的输出结果［2021 年 3 月全国计算机等级考试（二级 C 语言）真题，原题为选择题］。

编译运行程序 Exp4-10.c，对比分析模拟运行与实际运行的差别及原因。

实验 5　循环结构程序设计

5.1　知识点回顾

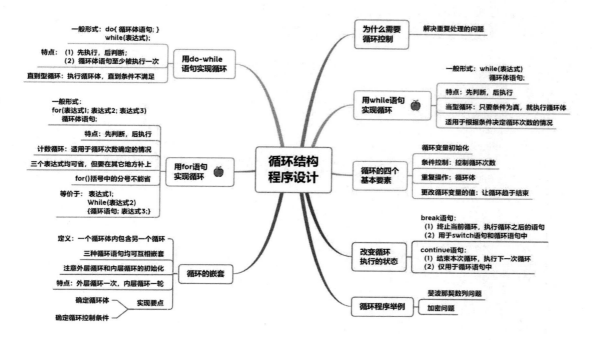

5.2　实 验 目 的

（1）领会循环结构的执行过程，掌握如何设定循环条件。

（2）熟练掌握用 while 语句、do-while 语句和 for 语句实现循环的方法。

（3）了解 break、continue 在循环语句中的作用。

（4）掌握在程序设计中用循环的方法实现一些常用算法（如穷举、迭代、递推等）。

5.3　基础型实验

题 1. 用键盘输入一个正整数，要求按照逆序输出该数。输入下面的程序，并保存为 Exp5-1.c。

```
1.    #include<stdio.h>
2.    int main(){
```

```
3.      int n;
4.      printf ( "请输入一个正整数：");
5.      scanf ("%d",&n);
6.      do{
7.          printf ("%d",n/10);
8.          n=n/10;
9.      } while(n/10 !=0)
10.     printf("\n");
11.     return 0;
```

（1）编译程序，改正所提示的语法错误，并分析错误产生的原因。

（2）运行程序 Exp5-1.c，观察运行结果是否正确。

（3）修改程序算法，使其能正确实现程序功能。

题 2. 编写程序实现：输入一行字符，分别统计出其中的英文字母、空格、数字和其他字符的个数。保存为 Exp5-2.c。

```
1.   #include<stdio.h>
2.   int main() {
3.       char c;
4.       int sc = 0, sk = 0, ss = 0, se = 0; // sc、sk、ss、se 分别用于统计字母、空格、数字、其他字符的个数
5.       printf("请输入待统计的字符串：");
6.       while ((c = getchar()) != '\n') {
7.       if (c >= 'A' && c <= 'Z' || c >= 'a' && c <= 'z')
8.           sc += 1;
9.       else if (c == ' ')
10.          sk += 1;
11.      else if (c >= '0' && c <= '9')
12.          ss += 1;
13.      else
14.          se += 1;
15.      }
16.      printf("字母 sc=%d,空格 sk=%d,数字 ss=%d,其他字符 se=%d", sc, sk, ss, se);
17.      return 0;
18.  }
```

（1）编译并运行程序，输入一串字符（如"abcd 1234 []"-="），观察并分析运行结果。

（2）编译并运行程序，输入一串包含汉字的字符（如"abcd 1234 []"-=中国"），观察、分析运行结果，并回答：一个汉字被统计为多少个字符？说明原因。

（3）请修改程序 Exp5-2.c，使其能分别统计大小写字母的个数。

题 3. 输出 1～20 之间能被 3 整除的整数。输入下面的程序，并保存为 Exp5-3.c。

```
1.   #include<stdio.h>
2.   int main() {
3.       int i;
4.       printf("1~20 之间能被 3 整除的数有：");
```

```
5.        for (i = 1; i <= 20; i++;) {
6.            if (i % 3 != 0)
7.                continue;
8.            printf("%d\t", i);
9.        }
10.       return 0;
11.   }
```

（1）编译程序 Exp5-3.c，改正所提示的语法错误，并分析错误产生的原因。

（2）运行程序 Exp5-3.c，观察运行结果是否正确。

（3）修改程序 Exp5-3.c，将第 7 行的 continue 语句改成 break 语句。运行修改后的程序，观察并分析程序结果。

题 4. 编写程序 Exp5-4.c，使得输出所有的"水仙花"。所谓"水仙花数"是指一个 3 位数，其各位数字立方和等于该数本身。例如，153 是一水仙花数，因为 $153=1^3+5^3+3^3$。

编写程序 Exp5-4.c，其算法流程图如图 1-5-1 所示。

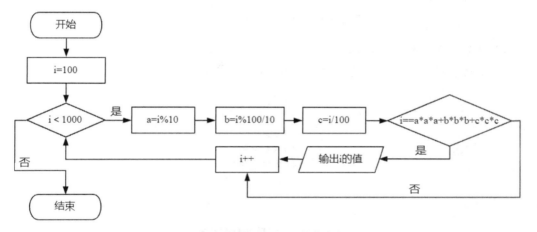

图 1-5-1　程序 Exp5-4.c 算法流程图

题 5. 请用循环的嵌套编程输出图形，如图 1-5-2 所示。

图 1-5-2　输出图形

算法分析

本题采用化繁为简、逐步求解的方法编程实现。

（1）假设 printf()函数每次输出 1 个*，1 行输出 9 个*，用循环如何实现？

（2）这样的行如果需要重复输出 5 行，用循环如何实现？

（3）若用 col 控制每行输出多少个*，用 row 控制重复输出多少行，那么，每行输出的*的个数与 col、row 有何关系？

程序 Exp5-5.c 的算法流程图如图 1-5-3 所示。

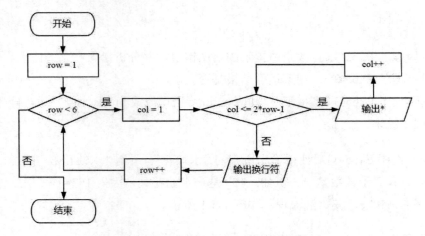

图 1-5-3　程序 Exp5-5.c 算法流程图

（1）按要求编写程序 Exp5-5.c。

（2）修改程序 Exp5-5.c，使其输出图 1-5-4 所示图形。

```
    *
   ***
  *****
 *******
*********
```

图 1-5-4　输出图形

5.4　应用型实验

题 6. 猴子第 1 天摘下若干桃子，当即吃了一半，还不过瘾，又多吃了一个。第 2 天早上猴子又将剩下的桃子吃掉一半，又多吃了一个。以后每天早上猴子都吃了前一天剩下的一半零一个。到第 10 天早上想再吃时，见只剩下一个桃子了。求第一天共摘了多少桃子。

算法分析

此题用递推法求解。桃子共吃了 9 天（day=9）。假设 x1 表示第 9 天没吃之前的桃子数，x2 表示第 10 天早上的桃子数，则有 x2=1，x1−x1/2−1=x2，即 x1=(x2+1)*2。

同样，假设第 9 天的桃子数为 x2，第 8 天的桃子数为 x1，同样有 x1=(x2+1)*2，以此类推。

程序 Exp5-6.c 的算法流程图如图 1-5-5 所示。

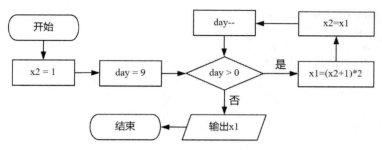

图 1-5-5　程序 Exp5-6.c 算法流程图

题 7.把 1 元兑换成 1 分、2 分、5 分的硬币，共有多少种不同换法？

算法分析

本题可用穷举法求解。1 分、2 分、5 分硬币个数分别用 i、j、k 表示。i 最小为 0，最大为 100；j 最小为 0，最大为 50；k 最小为 0，最大为 20。若 i+2j+5k 恰好等于 100，则记为一种兑换方法。若用 total 做统计，则 total+1。

编写程序 Exp5-7.c，其算法流程图如图 1-5-6 所示。

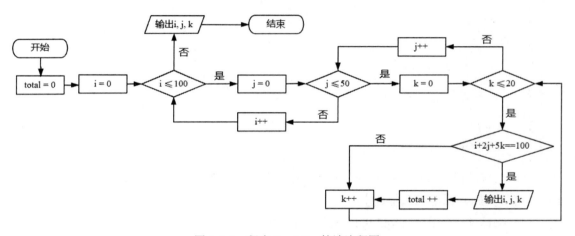

图 1-5-6　程序 Exp5-7.c 算法流程图

当 i 值为 20 时，j 最大还能为 50 吗？k 呢？修改程序 Exp5-7.c，优化循环次数。

5.5　历 年 真 题

题 8. 阅读下面的程序：

```
1.    #include<stdio.h>
2.    int main() {
3.        int s;
4.        scanf("%d", &s);
5.        while (s > 0) {
6.            switch (s) {
```

```
7.          case 1: printf("%d", s + 5);
8.          case 2: printf("%d", s + 4);  break;
9.          case 3: printf("%d", s + 3);
10.         default: printf("%d", s + 1);  break;
11.       }
12.     scanf("%d", &s);
13.     }
14.   return 0;
15. }
```

（1）大脑模拟运行程序，假设输入 1 2 3 4 5 0 <回车>，则程序的输出结果是_____ ［2022 年 3 月全国计算机等级考试（二级 C 语言）真题，原题为选择题］。

（2）编译并运行程序 Exp5-8.c，对比分析模拟运行与实际运行的差别及原因。

题 9. 阅读下面的程序：

```
1.  #include<stdio.h>
2.  int main() {
3.    char b, c;
4.    int i;
5.    b = 'a';
6.    c = 'A';
7.    for (i = 0; i < 6; i++) {
8.      if (i % 2)
9.        putchar(i + b);
10.     else
11.       putchar(i + c);
12.   }
13.   printf("\n");
14.   return 0;
15. }
```

（1）大脑模拟运行程序，并分析程序的输出结果 ［2022 年 3 月全国计算机等级考试（二级 C 语言）真题，原题为选择题］。

（2）编译并运行程序 Exp5-9.c，对比分析模拟运行与实际运行的差别及原因。

题 10. 阅读下面的程序：

```
1.  #include<stdio.h>
2.  int main() {
3.    int i, j, m = 55;
4.    for (i = 1; i <= 3; i++)
5.      for (j = 3; j <= i; j++)
6.        m = m % j;
7.    printf("%d\n", m);
8.    return 0;
9.  }
```

（1）大脑模拟运行程序，并分析程序的输出结果 ［2020 年 9 月全国计算机等级考试（二级 C 语言）真题，原题为选择题］。

（2）编译并运行程序 Exp5-10.c，对比分析模拟运行与实际运行的差别及原因。

实验 6 数　　组

6.1　知识点回顾

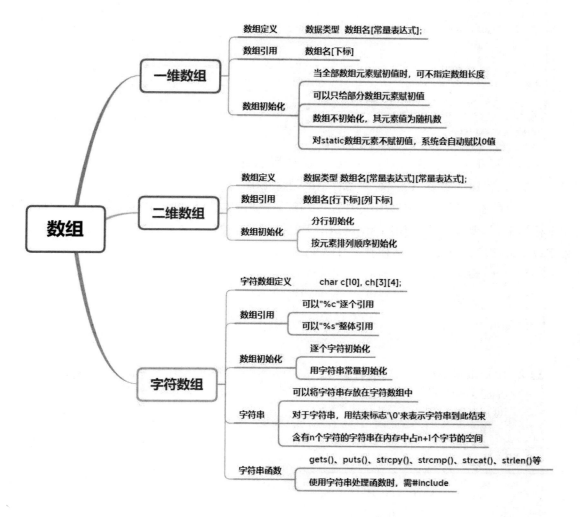

6.2　实 验 目 的

（1）掌握一维数组、二维数组、字符数组的定义。

（2）掌握一维数组、二维数组、字符数组的初始化。

（3）掌握数组的访问方法。

（4）了解常见的数组操作方法。

（5）初步具备使用数组解决问题的能力。

6.3　基础型实验

题 1. 用键盘输入 5 个整数，要求按照逆序输出。输入下面的程序，并保存为 Exp6-1.c。

```
1.   #include<stdio.h>
2.   int main() {
3.       int i, a[5];
4.       for (i = 0; i < 5; i++)
5.           scanf("%d", a);
6.       for (i = 4; i >= 0; i--)
7.           printf("%d    ", a[i]);
8.       printf("\n");
9.       return 0;
10.  }
```

（1）编译程序，改正错误，并分析错误产生的原因。

（2）运行程序 Exp6-1.c，观察运行结果是否正确。

（3）修改程序算法，把数组分成左右两部分，假设左侧数组元素下标为 i，右侧数组元素下标为 j，只要 i<j，则 a[i]和 a[j]两两交换，经过多次交换后实现数组元素的逆序存放。若采用以下程序段，请完善程序使其运行结果正确。

```
1.   for (i = 0, j = 4; i < j; i++, j--) {
2.           t = a[i];
3.           a[i] = a[j];
4.           a[j] = t;
5.       }
```

题 2. 用数组求斐波那契数列前 20 个数之和。输入下面的程序，并保存为 Exp6-2.c。

```
1.   #include<stdio.h>
2.   int main() {
3.       int i;
4.       int f[20] = {1, 1};
5.       for (i = 2; i < 20; i++)
6.           f[i] = f[i - 2] + f[i - 1];
7.       for (i = 0; i < 20; i++) {
8.           if (i % 5 == 0)
9.               printf("\n");
10.          printf("%12d", f[i]);
11.      }
12.      return 0;
13.  }
```

（1）运行程序 Exp6-2.c，观察运行结果是否正确。

（2）完善程序，实现前 20 个斐波那契数列的求和功能。

题 3. 将二维数组 a 行列元素互换，存到另一个数组 b 中。输入下面的程序，并保存为 Exp6-3.c。

$$a = \begin{bmatrix} 1 & 2 & 3 \\ 4 & 5 & 6 \end{bmatrix} \qquad b = \begin{bmatrix} 1 & 4 \\ 2 & 5 \\ 3 & 6 \end{bmatrix}$$

```
1.    #include<stdio.h>
2.    int main() {
3.        int i, j, a[2][3] = {1, 2, 3, 4, 5, 6}, b[3][2];
4.        printf("行列互换前数组 a:\n");
5.        for (i = 0; i < 2; i++) {
6.            for (j = 0; j < 3; j++)
7.                    printf("%5d", a[i][j]);
8.            printf("\n");
9.        }
10.       for (i = 0; i < 3; i++)
11.           for (j = 0; j < 2; j++)
12.                   a[i][j]=b[j][i] ;
13.       printf("行列互换后数组 b:\n");
14.       for (i = 0; i < 3; i++) {
15.           for (j = 0; j < 2; j++)
16.                   printf("%5d", b[i][j]);
17.           printf("\n");
18.       }
19.       return 0;
}
```

（1）运行程序 Exp6-3.c，观察运行结果是否正确。

（2）修改程序第 12 行的逻辑错误，并分析错误产生的原因。

（3）继续运行程序 Exp6-3.c，观察运行结果是否正确。

题 4. 用键盘输入一个的 3×3 矩阵，求其主对角线元素之和。输入下面的程序，并保存为 Exp6-4.c。

```
1.    #include<stdio.h>
2.    int main() {
3.        int a[3][3], sum;
4.        int i, j;
5.        for (i = 0; i < 3; i++)
6.            for (j = 0; j < 3; j++)
7.                    scanf("%d", a[i][j]);
8.        printf("输出数组 a:\n");
9.        for (i = 0; i < 3; i++) {
10.           for (j = 0; j < 3; j++)
```

```
11.                 printf("%d ", a[i][j]);
12.             printf("\n");
13.         }
14.     for (i = 0; i < 3; i++)
15.             sum = sum + a[i][i];
16.     printf("sum=%d\n", sum);
17.     return 0;
18.  }
```

（1）编译程序，改正 2 处错误，并分析错误产生的原因。

（2）运行程序 Exp6-4.c，观察运行结果是否正确。

（3）修改程序算法，主对角线元素的特点是行下标和列下标相同，通过条件判断，如果行下标和列下标相等，那么把相应的数组元素进行相加，即可求得主对角线元素之和。若采用以下程序段，请完善程序使其运行结果正确。

```
1.             if (i == j)
2.                     sum = sum + a[i][j];
```

题 5. 用键盘输入一行字符，存放在字符数组中，然后逆序输出。输入下面的程序，并保存为 Exp6-5.c。

```
1.     #include<stdio.h>
2.     int main() {
3.         char a[80], c;
4.         int k = 0, j;
5.         printf("\nplease input the chars: ");
6.         scanf("%c", &c);
7.         while (c != '\n') { //输入字符序列输入字符为回车时结束
8.             a[k++] = c;
9.             scanf("%c", &c);
10.        }
11.        printf("\n");
12.        for (j = k - 1; j >= 0; j--)    //逆序输出字符序列
13.            printf("%c", a[j]);
14.        return 0;
15.  }
```

（1）运行程序 Exp6-5.c，观察运行结果是否正确。

（2）以上程序中数组元素逐个引用，如果修改程序第 6～10 行，采用字符串输入函数 gets() 和字符串长度函数 strlen()，请修改程序使其运行结果正确。

（3）继续修改程序第 12、13 行，先把数组 a 逆序放入数组 b 中，调用函数 puts()输出数组 b，关键代码如下，请修改程序使其运行结果正确。

```
1.         b[k] = '\0';
2.         for (j = 0; a[j] != '\0'; j++)    //把数组 a 逆序放入数组 b 中
3.             b[k - j - 1] = a[j];
```

6.4 应用型实验

题 6. 输入 5 个数，用"冒泡法"对这 5 个数由小到大排序。输入下面的程序，并保存为 Exp6-6.c。

提示：冒泡法是比较相邻两个数，经过一趟排序后，找出当前数中的最大数（最小数）放在最后。在冒泡排序过程中，较大数（较小数）总是往上（地址递增的方向）移动，就像水中气泡逐步往上冒出一样，因而称为冒泡排序。

假设待排序的数据有 N 个，采用冒泡法进行排序，排序过程需要进行 N−1 趟比较，第 i 趟比较需要比较 N−i 次，有 5 个数组元素的比较过程如图 1-6-1 所示，其中，虚线框中的两个数据是当前正在进行两两比较的数。经过分析，如果用变量 i 表示比较第几趟，变量 j 表示当前数组元素的下标，i 的取值范围为 1-(N−1)，j 的取值范围为 0-(N-i-1)，这样当 a[j] > a[j + 1] 时，交换两数即可。

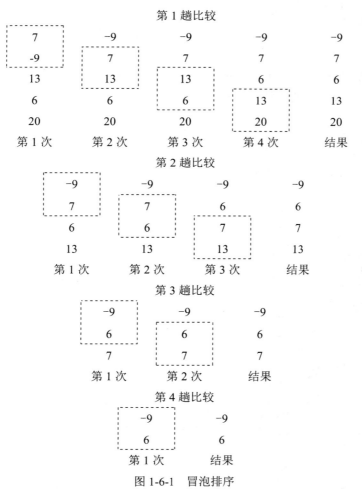

图 1-6-1 冒泡排序

```
1.      #include<stdio.h>
2.      #define N 5
3.      int main() {
4.          int a[N];
5.          int i, j, t;
6.          printf("输入数组：");
7.          for (i = 0; i < N; i++)
8.              scanf("%d", &a[i]);
9.          for (i = 1; i <= N - 1; i++)
10.             for (j = 0; j <=N - i - 1; j++)
11.                 if (a[j] > a[j + 1]) {
12.                     t = a[j];
13.                     a[j] = a[j + 1];
14.                     a[j + 1] = t;
15.                 }
16.         printf("输出数组：");
17.         for (i = 0; i < N; i++)
18.             printf("%d ", a[i]);
19.         return 0;
20.     }
```

（1）运行程序 Exp6-6.c，观察运行结果是否正确。

（2）修改程序算法，采用选择法对数组元素进行排序，请完善程序使其运行结果正确。

选择法是通过 n-i 次数据间的比较，从 n-i+1 个记录中选出最小的数，并和第 i 个数交换。

初始状态	78	31	45	13	8
找到最小数	(8)	31	45	13	78
找到第二小的数	(8	13)	45	31	78
...					
最大数被找到	(8	13	31	45	78)

```
1.      #include<stdio.h>
2.      #define N 5
3.      int main() {
4.          int a[N];
5.          int i, j, t, min;
6.          for (i = 0; i < N; i++)
7.              scanf("%d", &a[i]);
8.          for (i = 0; i < N - 1; i++) {
9.              min = i;
10.             for (j = i + 1; j <N; j++)
11.                 if (_____)      //a[min]、a[j]比较得到最小值下标
12.                     min = j;
13.             _____;                //a[min]、a[i]两两交换
14.             _____;
15.             _____;
16.         }
17.         for (i = 0; i < N; i++)
```

```
18.          printf("%d ", a[i]);
19.      return 0;
20.  }
```

题 7. 把一个整数插入到已排序的数据序列中，并保持数据序列的大小次序不变。输入下面的程序，并保存为 Exp6-7.c。

提示：假设数据序列已按由大到小的次序排序，且数据序列存放在一个一维数组中。输入一个整数 x，将 x 依次与数组中的每一个元素进行比较，若 x 比当前数组元素小，说明 x 应位于当前数组元素之后，需要继续往后查找插入的位置；若 x 比当前数组元素大，说明 x 应位于当前位置，则从当前位置开始的所有元素要依次后移一个位置，在数组元素移动完成后，就可将 x 插入到上述的当前位置。

```
1.   #include<stdio.h>
2.   int main () {
3.       int i, s, x, a[11] = {162, 127, 105, 87, 68, 54, 28, 18, 6, 3};
4.       scanf("%d", _____);
5.       for (i = 0; i < 10; i++)
6.           if (x > a[i]) {        //x 大于当前数组元素，当前位置就是插入位置
7.               for (s = 9; s >= i; s--)
8.                   _____; //从数组最后一个元素开始到 a[i]为止，逐个后移
9.               break;
10.          }
11.      a[i] = _____;        //插入数 x
12.      for (i = 0; i <= 10; i++)
13.          printf("%5d", a[i]);
14.      return 0;
15.  }
```

（1）完善程序 Exp6-7.c，运行并观察运行结果是否正确。

（2）修改程序第 7 行为 for (s = 10; s > i; s--)，第 8 行程序将做怎样的改变？

题 8. 学校举行校园歌手大赛，一共有 8 位裁判为选手打分，去掉一个最高分和一个最低分，再计算平均分，就是该选手的最后得分。请编写程序模仿 8 位裁判为某位选手的打分过程，要求输出最后得分保留两位小数。

提示：首先，定义变量和数组，利用 for 循环输入 8 个分数存入数组 x。其次，令 max=min=x[0]，依次用数组元素 x[i]和 max、min 比较，若 max<x[i]，令 max=x[i]，若 min>x[i]，令 min=x[i]，经过多次比较可得最高分和最低分。然后，通过表达式 sum=sum+x[i]对数组元素进行累加求和，从而得到所有分数的总和。最后，利用公式 $aver = \dfrac{sum - max - min}{6}$ 可得到平均分，用%.2f 格式输出，满足保留两位小数的要求。

```
1.   #include<stdio.h>
2.   int main() {
3.       float x[8];
4.       float max, min, sum = 0, aver;
```

```
5.        int i;
6.        for (i = 0; i < 8; i++)
7.            scanf("%f", &x[i]);
8.        max = min = x[0];
9.        for (i = 0; i <= 7; i++) {
10.           _____   ;    //比较数组元素，求最高分
11.           _____   ;    //比较数组元素，求最低分
12.           _____   ;    //数组元素求和，得到 8 个评委分数总和
13.       }
14.       aver = (sum - max - min) / 6;
15.       printf("The average sorce is: %.2f.\n", aver);
16.       return 0;
17.   }
```

（1）完善程序保存为 Exp6-8.c，运行并观察运行结果是否正确。

（2）将程序第 3 行数组类型改为 int，程序将做怎样的改变才能使结果准确？

题 9. 用键盘输入 6 名学生的 5 门成绩，分别统计出每个学生的平均成绩和总成绩，并输出。输入下面的程序，并保存为 Exp6-9.c。

```
1.    #include<stdio.h>
2.    int main() {
3.        double score[6][8];
4.        char name[8][20] = {"学号", "英语", "高数", "体育", "毛概", "C 语言", "总分", "平均分"};
5.        int i, j, s;
6.        printf("\t\t 输入每个同学的学号和成绩\n");
7.        for (i = 0; i <= 5; i++) {
8.            printf("输入第%d 个同学的信息\n", i + 1);
9.            for (j = 0; j <= 5; j++) {
10.               printf("输入%s:", name[j]);
11.               scanf("%lf", &score[i][j]);
12.           }
13.       }
14.       for (i = 0; i <= 5; i++) {
15.           s = 0;
16.           for (j = 1; j <= 5; j++)
17.               s = s + score[i][j];
18.           score[i][6] = s;
19.           score[i][7] = s / 5;
20.       }
21.       printf("\t\t 输出每个同学的学号、成绩、总分、平均分：\n");
22.       for (j = 0; j <= 7; j++)
23.           printf("%-8s", name[j]);
24.       printf("\n");
25.       for (i = 0; i <= 5; i++) {
26.           for (j = 0; j <= 7; j++)
27.               printf("%-8.1lf", score[i][j]);
28.           printf("\n")
29.       }
30.       return 0;
31.   }
```

（1）运行程序 Exp6-9.c，观察运行结果是否正确。

（2）如果求解 6 名学生的 6 门成绩，程序将做怎样的改变才能使结果准确？

题 10. 输入一行字符，统计其中大写字母、小写字母、数字及其他字符个数。输入下面的程序，并保存为 Exp6-10.c。

```
1.    #include<stdio.h>
2.    int main() {
3.        int i = 0;
4.        char s[80];
5.        int upper, lower, digit, other;
6.        printf("\n 请输入一行字符：");
7.        while ((s[i] = getchar()) != '\n')
8.            i++;
9.        upper = lower = digit = other = 0;
10.       i = 0;
11.       while (s[i] != '\n') {
12.           if ('A' <= s[i] <= 'Z')
13.               upper++;
14.           else if ((s[i] >= 'a') && (s[i] <= 'z'))
15.               lower++;
16.           else if ((s[i] >= 0) && (s[i] <= 9))
17.               digit++;
18.           else
19.               other++;
20.           i++;
21.       }
22.       printf(" 大写字母:%d,小写字母:%d,数字:%d,其他字符:%d", upper, lower, digit, other);
23.       return 0;
24.   }
```

（1）运行程序 Exp6-10.c，输入 ABC abcd 12345$BOY 789，观察运行结果是否正确。

（2）修改程序第 12 行和第 16 行的逻辑错误，并分析错误产生的原因。

（3）运行修改后的程序 Exp6-10.c，观察运行结果是否正确。

题 11. 统计子字符串 substr 在字符串 str 中出现的次数。例如，若字符串为 This is a C Program，子字符串为 is，则应输出 2。输入下面的程序，并保存为 Exp6-11.c。

提示：从第一个字符开始，对字符串 str 进行遍历，如果字符串 str 中的当前字符等于字符串 substr 中的第一个字符，则两个字符串继续比较下一个字符，直到字符串 substr 比较完一次(以'\0'为结束符)，出现次数的变量加 1，字符串 str 继续下移，而字符串 substr 重回第一个字符，重新再比较，如果不相同，则字符串 str 继续下移，而字符串 substr 重回第一个字符，重新再比较。

```
1.    #include<stdio.h>
2.    int main() {
3.        char str[80], substr[10];
```

```
4.        printf("Input a string: ");
5.        gets(str);
6.        printf("Input a substring: ");
7.        gets(substr);
8.        int i, j, k, num = 0;
9.        for (i = 0; str[i] != '\0'; i++)
10.           for (j = i, k = 0; substr[k] == str[j]; k++, j++)
11.              if (substr[k + 1] == '\0') {
12.                 num++;
13.                 break;
14.              }
15.        printf("The result is: %d\n", num);
16.        return 0;
17.   }
```

（1）运行程序 Exp6-11.c，观察运行结果是否正确。

（2）修改程序，把第 5 行改为 scanf("%s", str);，第 7 行改为 scanf("%s", substr);，请问程序结果是否正确？为什么？

题 12. 输入一行字符，统计其中有多少个单词。如果前一个是空格字符，后一个不是空格时，单词数增加 1 个，如果输入 THIS IS A STUDENT，输出 4。输入下面的程序，并保存为 Exp6-12.c。

💎💊提示：统计字符数组单词数，就是判断该字符数组中的各个字符，如果出现非空格字符，且其前一个字符为空格，则新单词开始，计数 num 加 1。但这在第一个单词出现时有点特殊，因为第一个单词前面可能没有空格，因此在程序里我们可以人为加上一个标志 word，并初始化为 0。该标志指示前一个字符是否是空格，如果该标志值为 0，则表示前一个字符为空格。

```
1.    #include<stdio.h>
2.    int main() {
3.        char string[81];
4.        int i, num = 0, word = 0;  //num 表示单词数，word 为标志变量
5.        char c;
6.        gets(string);
7.        for (i = 0; (c = string[i]) != '\0'; i++)
8.            if (c == ' ')
9.                word = 0;           //word=0 表示没有新单词开始
10.           else if (word == 0) {
11.               word = 1;           //word=1 表示有新单词开始
12.               num++;
13.           }
14.       printf("There are %d words in the line\n", num);
15.       return 0;
16.   }
```

运行程序 Exp6-12.c，观察运行结果是否正确。

6.5　历　年　真　题

题 13. 阅读下面的程序：

```
1.    #include<stdio.h>
2.    int main() {
3.        char s[] = "012xy\08s34f4w2";
4.        int i, n = 0;
5.        for (i = 0; s[i] != 0; i++)
6.            if (s[i] >= '0' && s[i] <= '9')
7.                n++;
8.        printf("%d\n", n);
9.        return 0;
10.   }
```

大脑模拟运行程序，则程序的输出结果是_____〔2022 年 3 月全国计算机等级考试（二级 C 语言）真题〕。

编译运行程序 Exp6-13.c，对比分析模拟运行与实际运行的差别及原因。

题 14. 阅读下面的程序：

```
1.    #include<stdio.h>
2.    int main() {
3.        int aa[5][5] = {{5, 6, 1, 8}, {1, 2, 3, 4}, {1, 2, 5, 6}, {5, 9, 10, 2}};
4.        int i, s = 0;
5.        for (i = 0; i < 4; i++)
6.            s += aa[i][2];
7.        printf("%d", s);
8.        return 0;
9.    }
```

大脑模拟运行程序，则程序的输出结果是_____〔2021 年 9 月全国计算机等级考试（二级 C 语言）真题〕。

编译运行程序 Exp6-14.c，对比分析模拟运行与实际运行的差别及原因。

题 15. 在主函数中用键盘输入若干个数放入数组中，用 0 结束输入并放在最后一个元素中。给定程序的功能是：计算数组元素中值为正数的平均值（不包括 0）。例如：数组中元素中的值依次为 39、−47、21、2、−8、15、0，则程序的运行结果为 19.250000。请完善程序 Exp6-15.c，使程序得出正确的结果。

```
1.    #include<stdio.h>
2.    int main() {
3.        int x[1000];
4.        int i = 0, c = 0;
5.        _____;
6.        printf( "\nPlease enter some data (end with 0): " );
```

```
7.        do {
8.            scanf("%d", &x[i]);
9.        } while (x[i++] != 0);
10.       i = 0;
11.       while (x[i] != 0) {
12.           if (x[i] > 0) {
13.               sum += x[i];
14.               c++;
15.           }
16.           i++;
17.       }
18.       _____;
19.       printf("%f\n", sum);
20.       return 0;
21.   }
```

完善程序并运行，观察运行结果是否正确［2022 年 3 月全国计算机等级考试（二级 C 语言）真题］。

题 16. 给定程序中，在 s 所指字符串中寻找与参数 c 相同的字符，并在其后插入一个与之相同的字符，若找不到相同的字符则函数不做任何处理。例如，s 所指字符串为 baacda，c 中的字符为 a，则执行后 s 所指字符串为 baaaacdaa。请完善程序 Exp6-16.c，使程序得出正确的结果。

```
1.    #include<stdio.h>
2.    int main() {
3.        char s[80] = "baacda", c;
4.        int i, j, n;
5.        printf("\nThe string: %s\n", s);
6.        printf("\nInput a character: ");
7.        scanf("%c", &c);
8.        for (i = 0; s[i] !=_____; i++)
9.            if (s[i] == c) {
10.               n =_____;
11.               while (s[i + 1 + n] != '\0')
12.                   n++;
13.               for (j = i + n + 1; j > i; j--)
14.                   s[j + 1] = s[j];
15.               s[j + 1] =_____;
16.               i = i + 1;
17.           }
18.       printf("\nThe result is: %s\n", s);
19.       return 0;
20.   }
```

完善程序并运行，观察运行结果是否正确［2022 年 3 月全国计算机等级考试（二级 C 语言）真题］。

实验 7　函数程序设计

7.1　知识点回顾

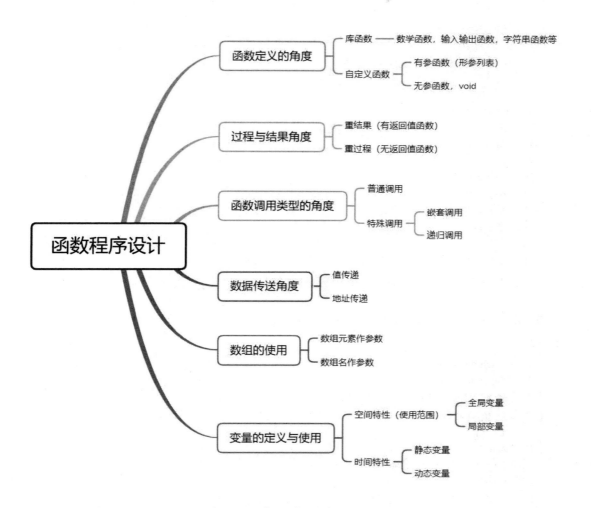

7.2　实　验　目　的

（1）熟悉定义函数和声明函数的方法，掌握函数的定义、函数类型、函数参数、函数调用的基本概念。

（2）熟悉调用函数时实参与形参的对应关系，掌握变量名作函数参数的程序设计方法，掌握数组元素作函数参数的程序设计方法,掌握数组名作函数参数的程序设计方法,掌握字符数组作函数参数的程序设计方法。

(3)熟悉函数的嵌套调用和递归调用方法,掌握函数的嵌套调用的方法。

(4)了解全局变量和局部变量的概念和用法。

7.3　基础型实验

题 1. 利用函数实现两个数之和的功能。输入下面的程序,并保存为 Exp7-1.c。

```
1.    #include<stdio.h>
2.    /************Error************/
3.    void sum(a,b)
4.    {
5.    int a,b;
6.    return(a+b);
7.    }
8.    int main()
9.    {
10.   int x,y;
11.   x=2; y=3;
12.   printf("%d\n",sum(x+y));
13.   return 0;
14.   }
```

(1)运行程序 Exp7-1.c,观察运行结果是否正确。

(2)上机调试程序,记录系统给出的出错信息,并指出错误的原因。

题 2. 输入一个字符串(不超过 80 个字符),按逆序存放。输入下面的程序,并保存为 Exp7-2.c。

```
1.    #include<stdio.h>
2.    #include<string.h>
3.    /************Error************/
4.    int inverse(char str[])
5.    {int i,j;
6.    char t;
7.    for(i=0,j=strlen(str);i<strlen(str)/2;i++,j--){
8.    t=str[i];
9.    /************Error************/
10.   str[i]=str[i-1];
11.   str[j-1]=t;
12.   }
13.   }
14.   int main()
15.   { char str[80];
16.   int i=0;
```

```
17.    printf("\n 请输入一个字符串:");
18.    while((str[i]=getchar())!='\n') i++;
19.    str[i]='\0';
20.    inverse(str);
21.    printf("此字符串的逆序为:%s",str);
22.    return 0;
23.    }
```

（1）运行程序 Exp7-2.c，分析运行结果是否正确。

（2）上机调试程序，记录系统给出的出错信息，并指出错误的原因。

题 3. 比较数组 a[]和数组 b[]中，a[i]>b[i]、a[i]=b[i]和 a[i]<b[i]的次数。其中 comp 函数的功能是：当 x>y 时，返回 1；当 x=y 时，返回 0；当 x<y 时，返回-1。输入下面的程序，并保存为 Exp7-3.c。

```
1.     #include<stdio.h>
2.     /**********Error**********/
3.     int comp(x, y)
4.     { int flag;
5.       if(x>y) flag=1;
6.     /**********Error**********/
7.       else if(x=y) flag=0;
8.       else flag=-1;
9.       return(flag);
10.    }
11.    int main()
12.    { int i,n=0,m=0,k=0;
13.      int a[10]={5,-23,5,21,6,18,9,12,23,7};
14.      int b[10]={6,-9,64,23,-52,0,9,8,-35,12};
15.      printf("数组 a:\n");
16.      for(i=0;i<10;i++) printf("%4d",a[i]);
17.      printf("\n");
18.      printf("数组 b:\n");
19.      for(i=0;i<10;i++) printf("%4d",b[i]);
20.      printf("\n");
21.      for(i=0;i<10;i++){
22.        if(comp(a[i],b[i])==1) n=n+1;
23.        else if(comp(a[i],b[i])==0) m=m+1;
24.        else k=k+1;
25.      }
26.      printf("a[i]>b[i]%2d 次\na[i]=b[i]%2d 次\na[i]<b[i]%2d 次\n",n,m,k);
27.      return 0;
28.    }
```

（1）运行程序 Exp7-3.c，分析运行结果是否正确。

（2）上机调试程序，记录系统给出的出错信息，并指出错误的原因。

题 4. 求二维数组 a[3][3]中各列元素的平均值，并依次存储在一维数组 b[3]中。输入下面的程序，并保存为 Exp7-4.c

```
1.    #include<stdio.h>
2.    void  fun(int a[3][3],float b[3])
3.    { int i,j;
4.      for(i=0;i<3;i++){
5.        for(j=0;j<3;j++)
6.    /**********Error**********/
7.        b[j]+=a[i][i];
8.        }
9.      for(i=0;i<3;i++)
10.   /**********Error**********/
11.       b[j]/=3;
12.   }
13.   int main()
14.   { int a[3][3]={{1,2,3},{4,5,6},{7,8,9}},i;
15.     float b[3]={0,0,0};
16.     fun(a,b);
17.     for(i=0;i<3;i++)
18.     printf("%4.1f ",b[i]);
19.     printf("\n");
20.     return 0;
21.   }
```

（1）运行程序 Exp7-4.c，分析运行结果是否正确。

（2）上机调试程序，记录系统给出的出错信息，并指出错误的原因。

题 5. 将每个英语单词的第一个字母改成大写（这里的"单词"是指由空格隔开的字符串）。

例如，若输入 I am a student to take the examination.，则应输出 I Am A Student To Take The Examination.。输入下面的程序，并保存为 Exp7-5.c。

```
1.    #include<stdio.h>
2.    #include<ctype.h>
3.    /**********Error**********/
4.    void change(char s)
5.    { int i,k;
6.      k=0;
7.    /**********Error**********/
8.      for(i=0;s[i]='\0';i++)
9.        if(k)
10.       {if(s[i]==' ') k=0;}
11.       else if(s[i]!=' ')
12.       {k=1;
13.       s[i]=toupper(s[i]);
14.       }
15.   }
```

```
16.    int main()
17.    { char str[80];
18.     printf("\nPlease enter an English text line: ");
19.     gets(str);
20.     printf( "Before changing:\n  %s",str);
21.     change(str);
22.     printf("\nAfter changing:\n  %s\n",str);
23.     return 0;
24.    }
```

（1）运行程序 Exp7-5.c，分析运行结果是否正确。

（2）上机调试程序，记录系统给出的出错信息，并指出错误的原因。

题 6. 在 sum() 函数中，根据整型形参 m，计算公式 $y = \dfrac{1}{100*100} + \dfrac{1}{200*200} + \cdots + \dfrac{1}{m*m}$ 的值。例如，若形参 m = 2000，则程序输出 The result is: 0.000160。输入下面的程序，并保存为 Exp7-6.c。

```
1.     #include<stdio.h>
2.     /************Fill in the blanks***********/
3.     _____ sum(int m)
4.     { int i;
5.       double y,d;
6.     /************Fill in the blanks***********/
7.       _____;
8.       for(i=100;i<=m;i+=100){
9.         d = (double)i * (double)i;
10.        y += 1.0/d;
11.        }
12.    /************Fill in the blanks***********/
13.      return(_____);
14.    }
15.    int main( )
16.    { int n = 2000;
17.      printf("\nThe result is: %lf\n",sum(n));
18.      return 0;
19.    }
```

完善程序使其正确并能实现程序功能。

题 7. 求出数组 arr 中的最大数，并把最大数和 arr[0] 中的数进行交换。输入下面的程序，并保存为 Exp7-7.c。

```
1.     #include<stdio.h>
2.     #define N  20
3.     /************Fill in the blanks***********/
4.     void swap(int_____,int n)
5.     { int k, m, t ;
```

```
6.     m=0;
7.     /************Fill in the blanks************/
8.     for(k=0;k<n;_____)
9.       if(a[k]>a[m]) m=k;
10.    t=a[0];
11.    /************Fill in the blanks************/
12.    a[0]=_____;
13.    a[m]=t;
14.   }
15.   int main( )
16.   { int i,n=10,arr[N]={0,5,12,10,23,6,9,7,10,8};
17.    printf("\n 交换前:");
18.    for(i=0;i<n;i++) printf("%4d",arr[i]);
19.    swap(arr,n);
20.    printf("\n 交换后:");
21.    for(i=0;i<n;i++) printf("%4d", arr[i]);
22.    printf("\n");
23.    return 0;
24.   }
```

完善程序使其正确并能实现程序功能。

题 8. 求出分数序列 $\frac{2}{1}$, $\frac{3}{2}$, $\frac{5}{3}$, $\frac{8}{5}$, $\frac{13}{8}$, … 的前 n 项之和。例如，若 n=5，则应输出 8.391667。输入下面的程序，并保存为 Exp7-8.c。

```
1.    #include<stdio.h>
2.    /************Fill in the blanks************/
3.    _____
4.    { int a,b,c,k;
5.      double s;
6.    /************Fill in the blanks************/
7.    _____;
8.     a=2;
9.     b=1;
10.    for(k=1;k<=n;k++){
11.    s=s+(double)a/b;
12.     c=a;
13.    /************Fill in the blanks************/
14.    _____;
15.     b=c;
16.     }
17.    return s;
18.   }
19.   int main()
20.   { int n=5;
21.    printf("\nThe value of function sum is: %lf\n",sum(n));
```

```
22.    return 0;
23.    }
```

完善程序使其正确并能实现程序功能。

题 9. 计算 1!+2!+3!+…+n!（3<n<10）的值。输入下面的程序，并保存为 Exp7-9.c。

```
1.    #include<stdio.h>
2.    long count(int n)
3.    { int i;
4.      long sum=0,p=1;
5.    /************Fill in the blanks************/
6.      for( i=1;_____;i++)
7.        {
8.        p=p*i;
9.    /************Fill in the blanks************/
10.       _____;
11.       }
12.     return(sum);
13.   }
14.
15.   int main( )
16.   {
17.    int n;
18.    printf("计算 1!+2!+3!+...+n!\n 请输入 n 的值(3<n<10):");
19.   /************Fill in the blanks************/
20.    _____;
21.    printf("1!+2!+...+%d!=%ld\n",n,count(n));
22.    return 0;
23.   }
```

完善程序使其正确并能实现程序功能。

题 10. 利用函数调用方式实现用键盘输入两个整数，输出较大的数。输入下面的程序，并保存为 Exp7-10.c。

```
1.    #include<stdio.h>
2.    int max(int a,int b)
3.    {
4.    _____
5.    }
6.    int main()
7.    {
8.    int x,y,z;
9.    printf("input two numbers:\n");
10.   scanf("%d,%d",&x,&y);     //输入时注意","
11.   z=max(x,y);
12.   printf("max=%d",z);
```

```
13.    return 0;
14.    }
```
完善程序使其正确并能实现程序功能。

题 11. 有一个 3×4 的矩阵,求所有元素中的最小值。输入下面的程序,并保存为 Exp7-11.c。

```
1.     #include<stdio.h>
2.     int min_value(int array[][4])
3.     { int i,j,min;
4.       min=array[0][0];
5.       for(i=0;i<3;i++)
6.     /************Fill in the blanks************/
7.        for(j=0;_____;j++)
8.          if(array[i][j]<min)
9.     /************Fill in the blanks************/
10.        min=_____;
11.    /************Fill in the blanks************/
12.      return(_____);
13.    }
14.    int main()
15.    { int a[3][4]={{-11,23,15,37},{29,48,6,-8},{15,17,34,12}};
16.      printf("矩阵中所有元素的最小值= %d\n",min_value(a));
17.      return 0;
18.    }
```
完善程序使其正确并能实现程序功能。

题 12. 求班级学生考试成绩的平均值。输入下面的程序,并保存为 Exp7-12.c。

```
1.     #include<stdio.h>
2.     float average(float array[],int n)
3.     { int i;
4.       float aver,sum=array[0];
5.     /************Fill in the blanks************/
6.       for(i=1;_____;i++)
7.         sum=sum+array[i];
8.     /************Fill in the blanks************/
9.       aver=_____;
10.    /************Fill in the blanks************/
11.     return (_____);
12.    }
13.    int main()
14.    { float score_1[5]={98.5,97,91.5,60,55};
15.      float score_2[10]={67.5,89.5,99,69.5,77,89.5,76.5,54,60,99.5};
16.      printf("班级 A 学生考试成绩的平均值= %6.2f\n",average(score_1,5));
17.      printf("班级 A 学生考试成绩的平均值= %6.2f\n",average(score_2,10));
18.    return 0;
19.    }
```
完善程序使其正确并能实现程序功能。

7.4 应用型实验

题 13. 阅读下面的程序：

```
1.    #include<stdio.h>
2.    void s(int n);
3.    int main()
4.    {
5.    int n;
6.    printf("input number\n");
7.    scanf("%d",&n);  /*从键盘上输入变量的值为3*/
8.    s(n);
9.    printf("n=%d\n",n);
10.   return 0;
11.   }
12.   void s(int n)
13.   {
14.   int i;
15.   for(i=n-1;i>=1;i--)
16.       n=n+i;
17.   printf("n=%d\n",n);
18.   }
```

将上述程序保存为 Exp7-13.c，并解析程序功能。

题 14. 阅读下面的程序：

```
1.    #include<stdio.h>
2.    int s1,s2,s3;
3.    int vs( int a,int b,int c)
4.    {
5.    int v;
6.    v=a*b*c;
7.    s1=a*b;
8.    s2=b*c;
9.    s3=a*c;
10.   return v;
11.   }
12.   int main()
13.   {
14.   int v,l,w,h;
15.   printf("\ninput length,width and height\n");
16.   scanf("%d%d%d",&l,&w,&h); /*从键盘上输入变量的值为3 4 5*/
17.   v=vs(l,w,h);
18.   printf("v=%d s1=%d s2=%d s3=%d\n",v,s1,s2,s3);
19.   return 0;
20.   }
```

将上述程序保存为 Exp7-14.c，并解析程序功能。

题 15. 阅读下面的程序：

```
1.    #include<stdio.h>
2.    int l=3,w=4,h=5;
3.    int vs(int l,int w)
4.    {
5.    int v;
6.    v=l*w*h;
7.    return v;
8.    }
9.    int main()
10.   {
11.   int l=5;
12.   printf("v=%d",vs(l,w));
13.   return 0;
14.   }
```

将上述程序保存为 Exp7-15.c，并解析程序功能。

题 16. 阅读下面的程序：

```
1.    #include<stdio.h>
2.    int fun()
3.    {
4.        static int x=1;
5.        x=x*2;
6.        return x;
7.    }
8.    int main()
9.    {
10.       int i,s=1;
11.       for(i=1;i<=3;i++)
12.         s*=fun();
13.       printf("%d\n",s);
14.       return 0;
15.   }
```

将上述程序保存为 Exp7-16.c，并解析程序功能。

题 17. 阅读下面的程序：

```
1.    #include<stdio.h>
2.    #define WIDTH 80
3.    #define LENGTH WIDTH+40
4.    int main()
5.    {
6.    int v;
7.    v=LENGTH * 20;
```

```
8.    printf("%d",v);
9.    return 0;
10.   }
```

将上述程序保存为 Exp7-17.c，并解析程序功能。

题 18. 阅读下面的程序：

```
1.    #include<stdio.h>
2.    #define F(y) 3.84+y
3.    #define PR(a) printf("%d",(int)(a))
4.    #define PRINT(a) PR(a)
5.    int main()
6.    {
7.    int x=2;
8.    PRINT(F(3)*x);
9.    return 0;
10.   }
```

将上述程序保存为 Exp7-18.c，并解析程序功能。

题 19. 比较以下两个程序。

程序 1：

```
1.    #include<stdio.h>
2.    void swap2(int x, int y) {
3.        int z;
4.        z = x;
5.        x = y;
6.        y = z;
7.    }
8.    int main() {
9.        int a[2] = {1, 2};
10.       swap2(a[0], a[1]);
11.       printf("a[0]=%d\na[1]=%d\n", a[0], a[1]);
12.       return 0;
13.   }
```

程序 2：

```
1.    #include<stdio.h>
2.    void swap2(int x[]) {
3.        int z;
4.        z = x[0];
5.        x[0] = x[1];
6.        x[1] = z;
7.    }
8.    int main() {
9.        int a[2] = {1, 2};
10.       swap2(a);
```

```
11.    printf("a[0]=%d\na[1]=%d\n", a[0], a[1]);
12.    return 0;
13.  }
```

（1）将上述两个程序分别保存为 Exp7-19-1.c 和 Exp7-19-2.c，并解析程序功能。

（2）运行程序 Exp7-19-1.c 和程序 Exp7-19-2.c，分析运行结果有何不同。

题 20. 阅读下面的程序：

```
1.    #include<stdio.h>
2.    #define MIN(x,y) (x<y?x:y)
3.    int main()
4.    {
5.    int x=5,y=10,z;
6.    z=10*MIN(x,y);
7.    printf("%d",z);
8.    return 0;
9.    }
```

将上述程序保存为 Exp7-20.c，并解析程序功能。

题 21. 阅读下面的程序：

```
1.    #include<stdio.h>
2.    void fun1()
3.    {int x=5;
4.    printf("x=%d\n",x);
5.    }
6.    void fun2(int x)
7.    {printf("x=%d\n",++x);
8.    }
9.    int main()
10.   {int x=2;
11.   fun1();
12.   fun2(x);
13.   printf("x=%d\n",x);
14.   return 0;
15.   }
```

将上述程序保存为 Exp7-21.c，并解析程序功能。

题 22. 阅读下面的程序：

```
1.    #include<stdio.h>
2.    int x;
3.    int main()
4.    {void plusone();
5.    void minusone();
6.    x=1;
7.    printf("x=%d\n",x);
8.    plusone();
```

```
9.    minusone();
10.   minusone();
11.   plusone();
12.   plusone();
13.   printf("x=%d\n",x);
14.   return 0;
15.   }
16.   void plusone()
17.   { x++;
18.   }
19.   void minusone()
20.   { x--;
21.   }
```

将上述程序保存为 Exp7-22.c，并解析程序功能。

题 23. 阅读下面的程序：

```
1.    #include<stdio.h>
2.    int x,y;
3.    void num()
4.    {
5.       int a = 15, b = 10;
6.       x = a - b;
7.       y = a + b;
8.    }
9.    int main()
10.   {
11.      int a = 7,b = 5;
12.      x = a + b;
13.      y = a - b;
14.      num();
15.      printf("%d,%d\n",x,y);
16.      return 0;
17.   }
```

将上述程序保存为 Exp7-23.c，并解析程序功能。

题 24. 阅读下面的程序：

```
1.    #include<stdio.h>
2.    int main()
3.    {
4.       int a=2,i;
5.       for (i=0;i<3;i++)   printf("%4d",f(a));
6.        return 0;
7.    }
8.    int f(int a)
9.    {
10.      int b=0;
11.      int c=3;
12.      b++;
```

```
13.     c++;
14.     return(a+b+c);
15.    }
```

将上述程序保存为 Exp7-24.c，并解析程序功能。

题 25. 编写一个程序，求以下分段函数的值。

$$f(x) = \begin{cases} x^2+1, & x > 1 \\ x^2, & -1 \leqslant x \leqslant 1 \\ x^2-1, & x < -1 \end{cases}$$

题 26. 编写一个判断某整数是否为素数的函数，若是，返回值为 1；若不是，返回值为 0。在 main 函数中输入一个整数，输出该数是否是素数。

题 27. 求方程 $ax^2+bx+c=0$ 的根，从主函数输入 a、b、c 的值，用 4 个函数分别求出当 a=0 和 a≠0 且 b^2-4ac 大于 0、等于 0 或小于 0 时的根，并输出结果。

题 28. 利用递归函数求 1～100 所有整数的和。

题 29. 利用递归函数求斐波那契数列第 30 项的值。

题 30. 编写一个程序计算任一输入的整数的各位数字之和。主函数包括输入、输出和调用函数。

题 31. 利用递归函数调用方式，将所输入的 5 个字符以相反顺序输出。

题 32. 写两个函数，分别求两个整数的最大公约数和最小公倍数，用主函数调用这两个函数，并输出结果，其中两个整数由键盘输入。

题 33. 输入一批正整数（以零或负数为结束标志），求其中的奇数和。要求定义和调用函数 even(n)判断数的奇偶性，当 n 为偶数时返回 1，否则返回 0。

题 34. 输入一个正整数 n，生成一张阶乘表，输出 1!～n!的值。要求定义和调用函数 fact(n) 计算 n!，函数类型为 double。

题 35. 编写程序，输入 2 个正整数 m 和 n（m=n），计算并输出从 n 个不同元素中取出 m 个元素的组合数。要求定义和调用函数 fact(n)计算 n!，函数类型为 double。

实验 8 指 针

8.1 知识点回顾

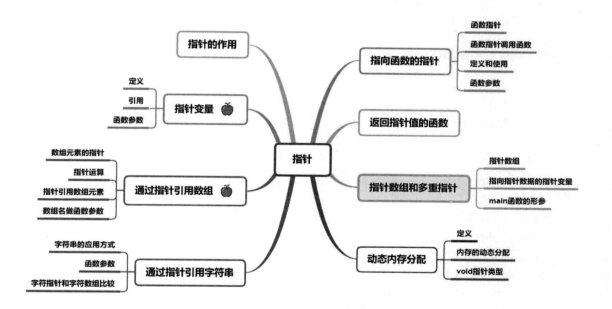

8.2 实 验 目 的

（1）掌握指针和间接访问的概念，会定义和使用指针变量。

（2）能正确使用数组的指针和指向数组元素的指针变量。

（3）能正确使用字符串的指针和指向字符的指针变量。

（4）了解指向指针的指针的用法。

8.3 基础型实验

题 1. 输入两个数的值，并通过调用函数实现两个变量值的交换。输入下面的程序，并保存为 Exp8-1.c。

```
1.    #include<stdio.h>
2.    int main() {
3.      void Exchange(int *ptrl, int *ptr2);
4.      int a, b, *p1, *p2;
5.      p1 = &a;
6.      p2 = &b;
7.      printf("Input a and b:");
8.      scanf("a=%d,b=%d", p1, p2);
9.      printf("\t*p1=%d,*p2=%d\n", *p1, *p2);
10.     Exchange(*p1, *p2);
11.     printf("After exchange a=%d,b=%d\n", a, b);
12.     printf("After exchange*p1=%d,*p2=%d\n", *p1, *p2);
13.     return 0;
14.   }
15.   void Exchange(int *ptr1, int *ptr2) {
16.     int temp;
17.     temp = *ptr1;
18.     *ptr1 = *ptr2;
19.     *ptr2 = temp;
20.   }
```

（1）编译程序，改正所提示的语法错误，并分析错误产生的原因。

（2）运行程序 Exp8-1.c，观察结果。

题 2. 编写程序实现：将字符串 computer 赋给一个字符数组，然后从第一个字母开始间隔地输出该串，并保存为 Exp8-2.c。

```
1.    #include<stdio.h>
2.    int main() {
3.      static char x[] = "computer";
4.      char *p;
5.      for (p = x; p < x + 7; p += 2)
6.        putchar(*p);
7.      printf("\n");
8.      return 0;
9.    }
```

（1）编译并运行程序，分析运行结果。

（2）将 Exp8-2.c 中第 5 行的 p+=2 修改为 p+=3，编译并运行程序，分析运行结果。

（3）请修改程序 Exp8-2.c，使其运行结果如图 1-8-1 所示。

```
computer
```

图 1-8-1　运行结果

题 3. 输入下面的程序，并保存为 Exp8-3.c。

```
1.    #include<stdio.h>
2.    int main() {
```

```
3.       void swap(int *p1, int *p2);
4.       int n1, n2, n3;
5.       int *p1, *p2, *p3;
6.       printf("input three integer n1, n2, n3:");
7.       scanf("%d%d%d", &n1, &n2, &n3);
8.       p1 = &n1;
9.       p2 = &n2;
10.      p3 = &n3;
11.      if (n1 > n2)
12.         swap(p1, p2);
13.      if (n1 > n3)
14.         swap(p1, p3);
15.      if (n2 > n3)
16.         swap(p2, p3);
17.      printf("Now, the order is:%d, %d, %d\n", n1, n2, n3);
18.      return 0;
19.   }
20.   void swap(int *p1, int *p2) {
21.      int p;
22.      p = *p1;
23.      *p1 = *p2;
24.      *p2 = p;
25.   }
```

（1）编译并运行程序，通过键盘输入 54<空格>45<空格>78，分析运行结果。

（2）修改 Exp8-3.c 中的部分代码，修改后程序如下：

```
1.    #include<stdio.h>
2.    int main() {
3.       void swap(int p1, int p2);
4.       int n1, n2, n3;
5.       int *p1, *p2, *p3;
6.       printf("input three integer n1, n2, n3:");
7.       scanf("%d%d%d", &n1, &n2, &n3);
8.       p1 = &n1;       p2 = &n2;       p3 = &n3;
9.       if (n1 > n2)
10.         swap(n1, n2);
11.      if (n1 > n3)
12.         swap(n1, n3);
13.      if (n2 > n3)
14.         swap(n2, n3);
15.      printf("Now, the order is:%d, %d, %d\n", n1, n2, n3);
16.      return 0;
17.   }
18.   void swap(int p1, int p2) {
19.      int p;
20.      p = p1;
21.      p1 = p2;
```

```
22.    p2 = p;
23.  }
```

编译并运行程序，通过键盘输入 54<空格>45<空格>78，分析其运行结果。

（3）修改 Exp8-3.c 中的部分代码，修改后的程序如下：

```
1.  void swap(int *p1, int *p2) {
2.    int *p;
3.    p = p1;
4.    p1 = p2;
5.    p2 = p;
6.  }
```

编译并运行程序，通过键盘输入 54<空格>45<空格>78，分析其运行结果，并分析原因。

题 4. 请使用数组和指针编程实现：输入 3 行英文语句，并把它们按字母由小到大的顺序输出。

程序 Exp8-4.c 算法流程图如图 1-8-2 所示。

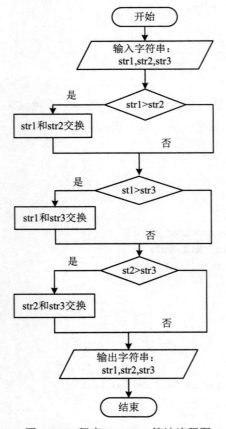

图 1-8-2 程序 Exp8-4.c 算法流程图

题 5. 请编写程序 Exp8-5.c，使用数组、用户自定义函数和指针编程实现：输入 10 个整数，将最小值与第 1 个数对换，最大值与最后一个数对换。其中，用户自定义函数包含 3 个，分别用于数据输入、数据处理和数据输出。

提示：

变量定义：形参 number 是指针，且局部变量 max、min 和 p 都定义为指针变量，max 用来指向当前最大的数，min 用来指向当前最小的数。

算法分析：number 是第 1 个数 number[]的地址，开始时执行 max=min=number 的作用就是使 max 和 min 都指向第 1 个数 number[0]。以后使 p 先后指向 10 个数中的第 2~10 个数，如果发现第 2 个数比第 1 个数 number[0]大，就使 max 指向这个大的数，而 min 仍指向第 1 个数。如果第 2 个数比第 1 个数 number[0]小，就使 min 指向这个小的数，而 max 仍指向第 1 个数。然后使 p 移动到指向第 3 个数，处理方法同前。直到 p 指向第 10 个数，并比较完毕为止。此时 max 指向 10 个数中的最大者，min 指向 10 个数中的最小者。

假设原来 10 个数是

32	24	56	78	1	98	36	44	29	6

在经过比较和对换后，max 和 min 的指向为

32	24	56	78	1	98	36	44	29	6

↑　　↑
min　max

此时，将最小数 1 与第 1 个数（即 number[0]）32 交换，将最大数 98 与最后一个数 6 交换。

1	24	56	78	32	6	36	44	29	98

因此应执行以下两行：

```
temp=number[0];
number[0]=min;
min=temp;        //将最小数与第 1 个数 number[0]交换
temp=number[9];
number[9]= *max;
*max= temp;      //将最大数与最后一个数交换
```

8.4　应用型实验

题 6. 请编写程序 Exp8-6.c，输入一个寝室 6 位同学的身高，从低到高排序输出。要求：必须用指针的方式实现，其中排序功能必须要书写为自定义函数。

提示：

（1）此题把数组定义、输入、函数调用和输出放在 main()函数中。

（2）一位数组与指针的关系是已知数组首元素的首地址，从而可以开始依次访问该数组中的每个数组元素。例如：每个数组元素的地址是&a[0]、&a[1]、&a[2]、…。因为数组元素在内存中是连续存储，所以上述每个数组元素的地址等价于&a[0]、&a[0]+1、&a[0]+2、…。数组元素的值是*（&a[0]）、*（&a[0]+1）、*（&a[0]+2）、…。

（3）然后利用一个指针变量 p 来存储&a[0]，则数组元素的值是*（p+0）、*（p+1）、*（p+2）、…。

题 7. 已知 4 个学生的 5 门成绩，分别编写 3 个函数实现以下 3 个要求：

（1）求第 1 门课程的平均分。

（2）找出有两门以上成绩不及格的学生，输出他们的学号和全部课程成绩及平均成绩。

（3）找出平均成绩在 90 分以上或全部课程成绩在 85 分以上的学生。

提示：变量 num 是存放 4 个学生学号的一维数组，course 是存放 5 门课程名称的二维字符数组，score 是存放 4 个学生 5 门成绩的二维数组，aver 是存放每个学生平均成绩的数组。pnum 是指向 num 数组的指针变量，pcourse 是指向 course 数组的指针变量，pscore 是指向 score 数组的指针变量，paver 是指向 aver 数组的指针变量，程序算法示意图如图 1-8-3 所示。

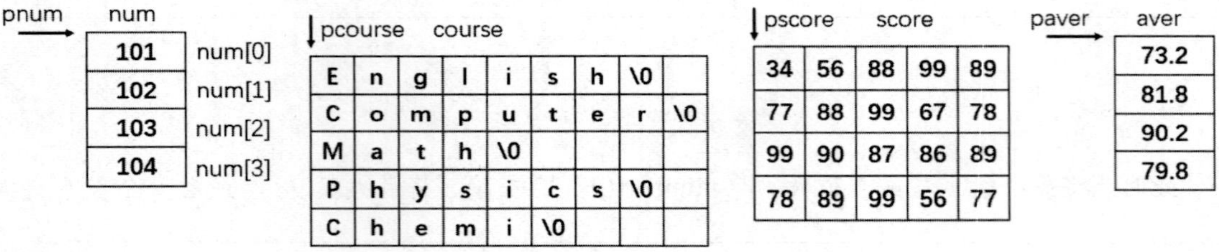

图 1-8-3　程序算法示意图

8.5　历 年 真 题

题 8. 下列给定的程序中，函数 proc()的功能是：将 str 所指字符串中出现的 t1 所指字符串全部替换成 t2 所指字符串，将所形成的新字符串放在 w 所指的数组中。在此处，要求 t1 和 t2 所指字符串的长度相同。

例如，当 str 所指字符串中所指的内容为 abcdabcdefg，t1 所指字符串中的内容为 bc，t2 所指字符串中的内容为 11，结果在 w 所指数组中的内容为 a11da11defg。

注意：不要改动 main()函数，不得增行或删行，也不得更改程序的结构。

```
1.    #include<stdlib.h>
2.    #include<stdio.h>
3.    #include<conio.h>
4.    #include<string.h>
5.    //****found*******
```

```
6.    int proc(char *str, char *t1, char *t2, char *w) {
7.        char *p, *r;
8.        strcpy(w, str);
9.        while (*w) {
10.           p = w;  r = t1;
11.           //****found*******
12.           while (r)
13.               if (*r == *p) {
14.                   r++;  p++;
15.               } else
16.                   break;
17.           if (*r == '\0') {
18.               p = w;   r = t2;
19.               //****found*******
20.               while (*r) {
21.                   *w = *r; w++; r++
22.               }
23.           } else
24.               w++;
25.       }
26.   }
27.   int main() {
28.       char str[100], t1[100], t2[100], w[100];
29.       system("CLS");
30.       printf("\n Please enter string str: ");
31.       scanf("%s", str);
32.       printf("\n Please enter substring t1: ");
33.       scanf("%s", t1);
34.       printf("\n Please enter substring t2: ");
35.       scanf("%s", t2);
36.       if (strlen(t1) == strlen(t2)) {
37.           proc(str, t1, t2, w);
38.           printf("\n The result is:%s\n", w);
39.
40.       } else
41.           printf("Error:strlen(t2)\n");
42.       return 0;
43.   }
```

请修改源程序 Exp8-8.c 中的错误运行。运行并观察程序 Exp8-8.c 的运行结果是否正确。

题 9. 请补充 proc()函数，该函数的功能是：分类统计一个字符串中元音字母和其他字符的个数（不区分大小写）。

例如，输入 imnIaeouOWC，结果为 A:1 E:1 I:2 O:2 U:1 other:4。

注意：部分源程序 Exp8-9.c 如下，请勿改动 main()函数和其他函数中的任何内容，仅在 proc()函数的括号内填入所编写的若干表达式或语句。

```
1.    #include<stdlib.h>
2.    #include<stdio.h>
3.    #include<conio.h>
4.    #define M 100
5.    void proc(char *str, int bb[]) {
6.      char *p = str;
7.      int i = 0;
8.      for (i = 0; i < 6; i++)
9.        (_____);
10.     while (*p) {
11.       switch (*p) {
12.         case 'A':
13.         case 'a':  bb[0]++;    break;
14.         case 'E':
15.         case 'e':  bb[1]++;    break;
16.         case 'I':
17.         case 'i':  bb[2]++;    break;
18.         case 'O':
19.         case 'o':  bb[3]++;    break;
20.         case 'U':
21.         case 'u':  bb[4]++;    break;
22.         default:
23.           (_____);
24.       }
25.       (_____) ;
26.     }
27.   }
28.   int main() {
29.     char str[M], ss[6] = "AEIOU";
30.     int i;
31.     int bb[6];
32.     system("CLS");
33.     printf("Input a string: \n");
34.     gets(str);
35.     printf("the string is:\n");
36.     puts(str);
37.     proc(str, bb);
38.     for (i = 0; i < 5; i++)
39.       printf("\n %c:%d", ss[i], bb[i]);
40.     printf("\n other:%d", bb[i]);
41.     return 0;
42.   }
```

（1）请将源程序 Exp8-9.c 中的 proc()函数补充完整。

（2）查看程序 Exp8-9.c 的运行结果。

题 10. 假定输入的字符串中只包含字母和*。请编写 proc()函数，功能是：除了尾部的*

之外，将字符串中其他*全部删除。形参 p 已指向字符串中的最后一个字母。在编写函数时，不得使用 C 语言的字符串函数。

例如，若字符串中的内容为****a*bc*def*g****，删除后，字符串中的内容应当是 abcdefg****。

注意：部分源程序 Exp8-10.c 如下，请勿改动 main()函数和其他函数中的任何内容，仅在 proc()函数的花括号中填入所编写的若干语句。

```
1.    #include<conio.h>
2.    #include<stdio.h>
3.    void proc(char *str, char *p) {
4.        _____
5.    }
6.    int main() {
7.        char str[81], *t;
8.        printf("Enter a string:\n");
9.        gets(str);
10.       t = str;
11.       while (*t)
12.           t++;
13.       t--;            //指针 t 指向字符串尾部
14.       while (*t == '*')
15.           t--;        //指针 t 指向最后一个字母
16.       proc(str, t);
17.       printf("The string after deleted:\n");
18.       puts(str);
19.       return 0;
20.   }
```

（1）请将源程序 Exp8-10.c 中的 proc()函数补充完整。

（2）查看程序 Exp8-10.c 的运行结果。

实验 9 用户自定义数据类型

9.1 知识点回顾

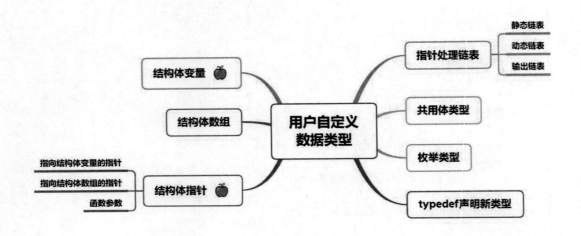

9.2 实 验 目 的

（1）掌握结构体类型变量的定义和使用。

（2）掌握结构体类型数组的概念和应用。

（3）了解链表的概念和操作方法。

9.3 基础型实验

题 1. 输入表 1-9-1 的多个产品信息，输出每个产品名称及利润。其中，利润=销售价格-进货成本-销售支出，并保存为 Exp9-1.c。

表 1-9-1 产品销售表

产品名称	进货成本/元	销售价格/元	销售支出/元
Phone	1000.00	1500.00	200.00
TV	3000.00	4000.00	300.00

源程序（有错误的程序）：

```c
1.    #include<stdio.h>
2.    struct cp {
3.       char name[10];
4.       float cb;
5.       float sj;
6.       float zc;
7.       float lr;
8.    } t[2];
9.    int main() {
10.      int i = 0, j;
11.      char sign;
12.      printf("\t 请输入产品信息");
13.      while (sign != 'n' && sign != 'N') {
14.         printf("\n\t 请输入产品名称：");
15.         scanf("%s", t[i].name);
16.         printf("\n\t 请输入进货成本：");
17.         scanf("%f", &t[i].cb);
18.         printf("\n\t 请输入销售价格：");
19.         scanf("%f", &t[i].sj);
20.         printf("\n\t 请输入销售支出：");
21.         scanf("%f", &t[i].zc);
22.         t[i].lr = (t[i].sj - t[i].cb - t[i].zc);
23.         printf("\n\t 是否继续输入记录？(Y/N)");
24.         scanf("\t%c", &sign);
25.         i++;
26.      }
27.      for (j = 0; j < i; j++)
28.         printf("%s 利润：%-7.2f\n", cp.name, cp.lr);
29.      return 0;
30.    }
```

（1）编译程序，改正所提示的语法错误，并分析错误产生的原因。

（2）查看程序 Exp9-1.c 的运行结果。

题 2. 输入以下程序，并保存为 Exp9-2.c。

```c
1.    #include<stdio.h>
2.    #include<string.h>
3.    typedef struct Books {
4.       char  title[50];
5.       char  author[50];
6.       char  subject[100];
7.       int   book_id;
8.    } Book;
9.    int main( ) {
10.      Book book;
```

```
11.    strcpy( book.title, "C 教程");
12.    strcpy( book.author, "Runoob");
13.    strcpy( book.subject, "编程语言");
14.    book.book_id = 12345;
15.    printf( "书标题 : %s\n", book.title);
16.    printf( "书作者 : %s\n", book.author);
17.    printf( "书类目 : %s\n", book.subject);
18.    printf( "书 ID : %d\n", book.book_id);
19.    return 0;
20.  }
```

（1）编译并运行程序，分析运行结果。

（2）将 Exp9-2.c 中第 3 行代码关键字 typedef 删除，请修改编译运行程序，并分析 typedef 的作用。

题 3. 输入下面的程序，并保存为 Exp9-3.c。

```
1.    #include<stdio.h>
2.    enum weekday {sun = 7, mon = 1, tue, wed, thu, fri, sat}; //声明枚举类型
3.    int main() {
4.      enum weekday day;
5.      int c;
6.      scanf("%d", &c);
7.      day = (enum weekday)c; //强制类型转换
8.      switch (day) {
9.        case 7:
10.          printf("sun！\n");   break;
11.        case 1:
12.          printf("mon！\n");   break;
13.        case 2:
14.          printf("tue！\n");   break;
15.        case 3:
16.          printf("wed！\n");   break;
17.        case 4:
18.          printf("thu！\n");   break;
19.        case 5:
20.          printf("fri！\n");   break;
21.        case 6:
22.          printf("sat！\n");   break;
23.        default:
24.          printf("missing input！\n"); break;
25.      }
26.      return 0;
27.  }
```

（1）编译并运行程序，用键盘输入 7，分析运行结果。

（2）删除第 7 行语句，运行程序并分析运行结果。

题 4. 输入下面的程序，并保存为 Exp9-4.c。

```c
1.  #include<stdio.h>
2.  union data {
3.    int i;
4.    char ch;
5.    float f;
6.  };
7.  int main() {
8.    union data a;
9.    a.i = 1;
10.   a.ch = 'b';
11.   a.f = 1.5;
12.   printf("%d\n", a.i);
13.   printf("%c\n", a.ch);
14.   printf("%f\n", a.f);
15.   return 0;
16. }
```

（1）编译并运行程序，分析运行结果。

（2）分析共同体与结构体的相同点和不同点。

题 5. 请利用指向结构体的指针编制一个程序 Exp9-5.c，实现输入三个学生的学号、计算机期中成绩、计算机期末成绩，然后计算每个学生两门成绩的平均成绩并输出成绩表。

程序 Exp9-5.c 的算法 N-S 图如图 1-9-1 所示。

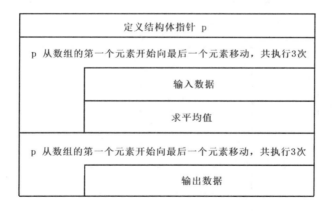

图 1-9-1　程序 Exp9-5.c 算法 N-S 图

9.4　应用型实验

题 6. 定义一个学生结构体类型，包括学生的学号、姓名和成绩等成员信息。主函数使用学生结构体类型定义两个学生变量，分别对两个学生的学号、姓名和成绩进行赋值，输出成绩较高的学生的学号、姓名和成绩。

要求：分别使用结构体变量和结构体指针变量输出学生信息。

程序 Exp9-6.c 的算法：

（1）定义一个学生结构体类型，并声明其数据成员，包括学号、姓名和成绩等。

（2）利用学生结构体定义两个学生变量，分别输入两个学生变量的各成员数据。

（3）定义学生结构体指针，比较结构体变量和结构体指针调用数据成员的语法特点。

（4）比较两个学生的成绩，并输出成绩较高的学生信息。

题 7. N 个人围成一圈，从第 1 个人开始顺序报号 1、2、3，凡是报到 3 者退出圈子，找出最后留在圈子中的人原来的序号。要求用链表处理。

程序 Exp9-7.c 的算法 N-S 图如图 1-9-2 所示。

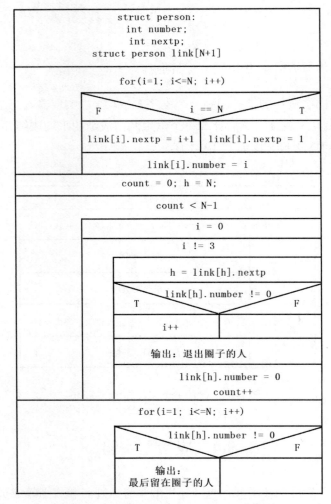

图 1-9-2　程序 Exp9-7.c 的算法 N-S 图

9.5　历 年 真 题

题 8. 下列程序的运行结果是什么？

```
1.   #include<stdio.h>
2.   struct stu {
3.     int num;
4.     char name[10];
5.     int age;
6.   };
7.   void fun(struct stu *p) {
8.     printf("%s\n", (*p).name);
9.   }
10.  int main() {
11.    struct stu students[3]={{9801, "zhang", 20}, {9802, "wang", 19}, {9803, "zhao", 18}};
12.    fun(students + 2);
13.    return 0;
14.  }
```

题 9. 下列程序的运行结果是什么？

```
1.   #include<stdio.h>
2.   struct date {
3.     int year, month, day;
4.   } today;
5.   int main() {
6.     printf("%d\n", sizeof(struct date));
7.     return 0;
8.   }
```

题 10. 下列程序的运行结果是什么？

```
1.   #include<stdio.h>
2.   #include<string.h>
3.   typedef struct {
4.     char name[9];
5.     char sex;
6.     float score[2];
7.   } STU;
8.   STU f(STU a) {
9.     STU b = {"zhao", 'm', 85.0, 90.0};
10.    int i;
11.    strcpy(a.name, b.name);
12.    a.sex = b.sex;
13.    for (i = 0; i < 2; i++)
14.      a.score[i] = b.score[i];
```

```
15.      return a;
16.    }
17.  int main() {
18.      STU c = {"Qian", 'f', 95.0, 92.0}, d;
19.      d = f(c);
20.      printf("%s,%c,%2.0f,%2.0f", d.name, d.sex, d.score[0], d.score[1]);
21.      return 0;
22.    }
```

题 11. 下列程序的运行结果是什么？

```
1.   #include<stdio.h>
2.   struct tt {
3.       int x;
4.       struct tt *y;
5.   } *p;
6.   struct tt a[4] = {20, a + 1, 15, a + 2, 30, a + 3, 17, a};
7.   int main() {
8.       int i;
9.       p = a;
10.      for (i = 1; i <= 2; i++) {
11.          printf("%d, ", p->x);
12.          p = p->y;
13.      }
14.      return 0;
15.  }
```

题 12. 学生的记录由学号和成绩组成，N 名学生的数据已在主函数中放入结构体数组 s 中，请编写 fun() 函数，功能是：函数返回指定学生的学生数据，指定的学号在主函数中输入。若没找到指定学号，在结构体变量中给学号置空串，给成绩置-1，作为函数值返回。用于字符串比较的函数是 strcmp，当 a 和 b 字符串相等时，strcmp(a,b) 的返回值为 0。

🐾**注意**：部分源程序 Exp9-12.c 如下。请勿改动 main() 函数和其他函数中的任何内容，请在 fun() 函数的花括号中填入所编写的若干语句。

```
1.   #include<stdio.h>
2.   #include<string.h>
3.   #define  N  16
4.   typedef struct {
5.       char  num[10];
6.       int  s;
7.   } STREC;
8.   STREC fun( STREC  *a, char *b ) {
9.       int i;
10.      STREC t = {'\0', -1};
11.  }
12.  int main() {
```

```
13.    STREC  s[N] = {{"GA005", 85}, {"GA003", 76}, {"GA002", 69}, {"GA004", 85},
14.        {"GA001", 91}, {"GA007", 72}, {"GA008", 64}, {"GA006", 87},
15.        {"GA015", 85}, {"GA013", 91}, {"GA012", 64}, {"GA014", 91},
16.        {"GA011", 77}, {"GA017", 64}, {"GA018", 64}, {"GA016", 72}
17.    };
18.    STREC  h;
19.    char  m[10];
20.    int  i;
21.    printf("The original data:\n");
22.    for (i = 0; i < N; i++) {
23.        if (i % 4 == 0)
24.            printf("\n");
25.        printf("%s %3d  ", s[i].num, s[i].s);
26.    }
27.    printf("\n\nEnter the number: ");
28.    gets(m);
29.    h = fun( s, m );
30.    printf("The data : ");
31.    printf("\n%s  %4d\n", h.num, h.s);
32.    printf("\n");
33.    return 0;
34.    }
```

（1）请将源程序 Exp9-12.c 中的 fun()函数补充完整。

（2）查看程序 Exp9-12.c 的运行结果。

实验 10　文　　件

10.1　知识点回顾

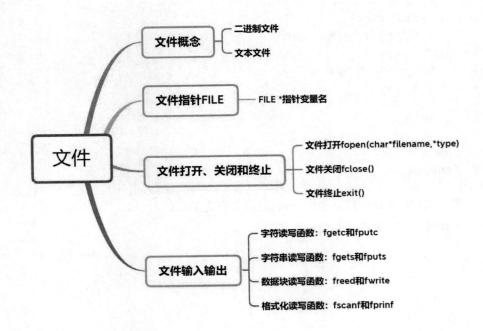

10.2　实　验　目　的

（1）掌握文件、缓冲文件系统、文件指针的概念。

（2）学会使用文件打开、关闭、读、写等文件操作函数。

（3）学会用缓冲文件系统对文件进行简单的操作。

10.3　基础型实验

题 1. 下列程序的功能为：用键盘输入 4 行字符写到 D 盘 data1.txt 文件中。输入下面的程序，并保存为 Exp10-1.c。

```
1.  #include<stdio.h>
2.  #include<string.h>
```

```
3.    int main()
4.    {FILE * fp1;
5.    char ch[80];
6.    /************Error************/
7.    int i,j;
8.    /************Error************/
9.    fp1=fopen("d:\\data1.txt", "b");
10.   for(i=1;i<=4;i++)
11.   {
12.     gets(ch);
13.     j=0;
14.     while(ch[j]!='\0')
15.     {
16.       fputc(fp1,ch[j]);
17.       j++;
18.     }
19.   /************Error************/
20.     fputc(fp1,'\n');
21.   }
22.     fclose(fp1);
23.     return 0;
24.   }
```

（1）运行程序 Exp10-1.c，观察运行结果是否正确。

（2）纠正程序中存在的错误，以实现其功能。

题 2. 下列程序的功能为：从数组读入数据，建立 ASCII 码文件，并按 10 20 30 40 50 60 70 80 90 100（每个数据占 5 个字符宽度）的格式输出。输入下面的程序，并保存为 Exp10-2.c。

```
1.    #include<stdio.h>
2.    #include<stdlib.h>
3.    int main()
4.    {
5.      FILE *fp3;
6.    int b[]={10,20,30,40,50,60,70,80,90,100},i=0,n;
7.    if((fp3=fopen("e:\\file10_3.txt","w"))==NULL)
8.    {
9.      printf("%s 不能打开\n","e:\\file10_3.txt");
10.     exit(1);
11.   }
12.   /************Error************/
13.   while(i<9)
14.   {
15.   /************Error************/
16.   fprintf(fp3, "%d ",b[i]);
17.   if(i%3==0) fprintf(fp3, "\n");
18.   i++;
```

```
19.    }
20.    fclose(fp3);
21.    if((fp3=fopen("e:\\file10_3.txt","r"))==NULL)
22.    {
23.      printf("%s 不能打开\n","e:\\file10_3.txt");
24.      exit(1);
25.    }
26.    fscanf(fp3, "%5d",&n);
27.    while(!feof(fp3))
28.    {
29.      printf("%5d",n);
30.      fscanf(fp3, "%d",&n);
31.    }
32.    printf("\n");
33.    fclose(fp3);
34.    return 0;
35.    }
```

（1）运行程序 Exp10-2.c，观察运行结果是否正确。

（2）纠正程序中存在的错误，以实现其功能。

题 3. 下列程序的功能为：随机产生 10 整数，写入一个二进制文件中。输入下面的程序，并保存为 Exp10-3.c。

```
1.    #include<stdlib.h>
2.    #include<stdio.h>
3.    #include<time.h>
4.    int main ( )
5.    { int x[10],i,k;
6.      FILE *fp2;
7.      srand( (unsigned)time( NULL ) );
8.      for (i=0;i<10;i++)
9.       x[i]=rand();
10.    fp2=fopen ("d:\\data2.txt","wb");
11.     if(fp2==NULL)
12.     {
13.       printf("Open error \n");exit(0);
14.     }
15.    /***********Error***********/
16.     for (int k=0 ; k<=10 ; k++ )
17.    /***********Error***********/
18.       fwrite( x[k],sizeof(int), fp2);
19.     fclose (fp2 );
20.    return 0;
21.    }
```

（1）运行程序 Exp10-3.c，观察运行结果是否正确。

（2）纠正程序中存在的错误，以实现其功能。

题 4. 下列程序的功能是：由终端键盘输入字符，存放到文件 fname 中，用!结束输入。请补充完整下面的程序，并保存为 Exp10-4.c。

```
1.   #include<stdio.h>
2.   int main()
3.   {FILE *fp;
4.   char ch,fname[10];
5.   printf("请输入文件名:");
6.   gets(fname);
7.   /************Fill in the blanks***********/
8.   if ((fp=_____)==NULL)
9.   {printf("不能打开文件！\n");exit(0);}
10.  /************Fill in the blanks***********/
11.  while(_____)!='!')
12.  /************Fill in the blanks***********/
13.  fputc(_____);
14.  fclose(fp);
15.  return 0;
16.  }
```

题 5. 下列程序的功能是：输入 4 名学生的姓名、学号、年龄并存入文件 stu_list.dat 中。请补充完整下面的程序，并保存为 Exp10-5.c。

```
1.   #include<stdio.h>
2.   #define SIZE 4
3.   struct student_type
4.   {char name[10];
5.   int num;
6.   int age;
7.   }stud[SIZE];
8.   void save()
9.   {FILE *fp;
10.  int i;
11.  if ((fp=fopen("stu_list.dat","wb"))==NULL)
12.  {printf("不能打开文件！\n");
13.  return;}
14.  for(i=0;i<SIZE;i++)
15.  /************Fill in the blanks***********/
16.  if(fwrite(_____,sizeof(struct student_type),1,fp)!=1)
17.  printf("写文件出错！\n");
18.  fclose(fp);
19.  }
20.  int main()
21.  {int i;
22.  for (i=0;i<SIZE;i++)
23.  /************Fill in the blanks***********/
24.  scanf("%s,%d,%d",_____);
```

```
25.   save();
26.   return 0;
27.   }
```

10.4   应用型实验

题 6. 阅读下面的程序：

```
1.     #include<stdio.h>
2.     int main( )
3.     {FILE  *fp;   long count=0;
4.     if((fp=fopen("letter.dat", "r"))= =NULL)
5.     {printf("cannot open file\n");
6.     exit(0);  }
7.     while(!feof(fp))
8.     {
9.     fgetc(fp)  ;
10.    count++; }
11.    printf("count=%ld\n", count);
12.    fclose(fp);
13.    return 0;
14.    }
```

将上述程序保存为 Exp10-6.c，并解析程序功能。

题 7. 阅读下面的程序：

```
1.     #include<stdio.h>
2.     #include<stdlib.h>
3.     int main()
4.     {
5.        FILE *fp;
6.        char ch[80];
7.        fp=fopen("a.txt","w+");
8.        scanf("%s",ch);
9.        fputs(ch,fp);
10.       fclose(fp);
11.       return 0;
12.    }
```

将上述程序保存为 Exp10-7.c，并解析程序功能。

题 8. 阅读下面的程序：

```
1.     #include<stdio.h>
2.     #include<stdlib.h>
3.     int main()
4.     {
```

```
5.      FILE *fp;
6.      char ch[80],fchar;
7.      int num=0,word=0;
8.      fp=fopen("a.txt","r");
9.      fchar=fgetc(fp);
10.     while(!feof(fp))
11.     {
12.       if(fchar=='0'||fchar=='1'||fchar=='2'||fchar=='3'||fchar=='4'||fchar=='5'||fchar=='6'||fchar=='7'||
          fchar=='8'||fchar=='9')
13.       {
14.         printf("#%c\n",fchar);
15.         num++;
16.       }
17.       else
18.       {
19.         printf("!%c\n",fchar);
20.         word++;
21.       }
22.       fchar=fgetc(fp);
23.     }
24.     printf("num:%d\nword:%d",num,word);
25.     fclose(fp);
26.     return 0;
27.   }
```

将上述程序保存为 Exp10-8.c，并解析程序功能。

题 9. 阅读下面的程序：

```
1.    #include<stdio.h>
2.    #include<string.h>
3.    #include<stdlib.h>
4.    #define N 80
5.    int Finddifferent(char *str1,char *str2)
6.    {
7.      int i=0;
8.      for (i = 0; str1[i]!=NULL&& str2[i]!=NULL; i++)
9.      {
10.       if (str1[i]!=str2[i])
11.       {
12.         break;
13.       }
14.     }
15.     return i+1;
16.   }
17.   int main()
18.   {
19.     FILE *fp1,*fp2;
```

```
20.      int n=1,f=0;
21.      char str1[N],str2[N];
22.      fp1=fopen("a.txt","r");
23.      fp2=fopen("b.txt","r");
24.      while (!feof(fp1)&&!feof(fp2))
25.      {
26.        fgets(str1,N,fp1);
27.        fgets(str2,N,fp2);
28.        if (strcmp(str1,str2))
29.        {
30.          printf("This %d row %d is diffderent\n",n,Finddifferent(str1,str2));
31.          f=1;
32.        }
33.        n++;
34.        fflush(fp1);
35.        fflush(fp2);
36.      }
37.      if(f==0)
38.      {
39.        printf("Both are simple");
40.      }
41.      fclose(fp1);
42.      fclose(fp2);
43.      return 0;
44.    }
```

将上述程序保存为 Exp10-9.c，并解析程序功能。

题 10. 阅读下面的程序：

```
1.    #include<stdio.h>
2.    #include<stdlib.h>
3.    #include<string.h>
4.    #define N 80
5.    void change(char *ch)
6.    {
7.      int i=0;
8.      for(i=0;i<strlen(ch);i++)
9.      {
10.       if(ch[i]<95)
11.         ch[i]=ch[i]+32;
12.     }
13.     printf("%s\n",ch);
14.   }
15.   int main()
16.   {
17.     FILE *fp;
18.     char ch[N];
```

```
19.        long row=0;
20.        fp=fopen("a.txt","r");
21.        while(!feof(fp))
22.        {
23.          fgets(ch,N,fp);
24.          change(ch);
25.          row++;
26.        }
27.        printf("row:%ld\n",row);
28.        fclose(fp);
29.        return 0;
30.    }
```
将上述程序保存为 Exp10-10.c，并解析程序功能。

题 11. 阅读下面的程序：
```
1.     #include<stdio.h>
2.     int main()
3.     {
4.     FILE *fp;
5.     fp=fopen("f1.txt","w");
6.     fprintf(fp,"Programming is fun!");
7.     return 0;
8.     }
```
将上述程序保存为 Exp10-11.c，并解析程序功能。

题 12. 阅读下面的程序：
```
1.     #include<stdio.h>
2.     int main()
3.     {
4.     FILE *fp;
5.     int i,n=0,m=0;
6.     char a;
7.     fp=fopen("f1.txt","r");
8.     for(i=1;;i++)
9.     {
10.    a=fgetc(fp);
11.    printf("%c",a);
12.    if(a>47&&a<58)n++;
13.    if(a>96&&a<123)m++;
14.    if(a==EOF)break;
15.    }
16.    printf("%d %d",n,m);
17.    return 0;
18.    }
```
将上述程序保存为 Exp10-12.c，并解析程序功能。

题 13. 阅读下面的程序：

```
1.   #include<stdio.h>
2.   int main()
3.   {
4.   FILE *p;
5.   int n;
6.   p=fopen("file.txt","w");
7.   for(;;)
8.   {
9.   scanf("%d",&n);
10.  fprintf(p,"%d",n);
11.  if(n==-1)break;
12.  }
13.  return 0;
14.  }
```

将上述程序保存为 Exp10-13.c，并解析程序功能。

题 14. 阅读下面的程序：

```
1.   #include<stdio.h>
2.   #include<stdlib.h>
3.   #include<string.h>
4.   void test2();
5.   int main(){
6.   test2();
7.   }
8.   struct student{
9.   long no;
10.  char name[20];
11.  int math;
12.  int chinese;
13.  int english;
14.  int sum;
15.  double ave;
16.  };
17.  void test2(){
18.  struct student student_1;
19.  FILE *fp = NULL;
20.  char buff[1000]="学号\t 姓名\t 数学\t 语文\t 英语\t 总成绩\t 平均分";
21.  int i;
22.  fp = fopen("f3.txt", "w+");
23.  fputs(buff,fp);
24.  fputs("\n",fp);
25.  for(i=0;i<10;i++){
26.  scanf("%ld %s %d %d %d",&student_1.no,student_1.name,&student_1.math,&student_1.chinese,
     &student_1.english);
```

```
27.    student_1.sum=student_1.math+student_1.chinese+student_1.english;
28.    student_1.ave=student_1.sum/3;
29.    fprintf(fp,"%ld\t%s\t%d\t%d\t%d\t%d\t%1.0lf\n",student_1.no,student_1.name,student_1.math,
       student_1.chinese,student_1.english,student_1.sum,student_1.ave);
30.    }
31.    printf("%s\n",buff);
32.    fseek(fp,sizeof(buff),SEEK_SET);
33.    for(i=0;i<10;i++){
34.    fscanf(fp,"%ld\t%s\t%d\t%d\t%d\t%d\t%1.0lf\n",&student_1.no,student_1.name,&student_1.math,
       &student_1.chinese,&student_1.english,&student_1.sum,&student_1.ave);
35.    printf("%ld\t%s\t%d\t%d\t%d\t%d\t%1.0lf\n",student_1.no,student_1.name,student_1.math,
       student_1.chinese,student_1.english,student_1.sum,student_1.ave);
36.    }
37.    fclose(fp);
38.    return 0;
39.    }
```

将上述程序保存为 Exp10-14.c，并解析程序功能。

题 15. 阅读下面的程序：

```
1.     #include<stdio.h>
2.     int main()
3.     {
4.     FILE *fp;
5.     int n,sum=0;
6.     if((fp=fopen("int_data.txt","a+"))==NULL)
7.     {
8.     printf("Cant Open File!");
9.     }
10.    while(fscanf(fp,"%d",&n)!=EOF)
11.    sum=sum+n;
12.    fprintf(fp," %d",sum);
13.    fclose(fp);
14.    return 0;
15.    }
```

将上述程序保存为 Exp10-15.c，并解析程序功能。

题 16. 阅读下面的程序：

```
1.     #include<stdio.h>
2.     #include<stdlib.h>
3.     #include<string.h>
4.     #define N 80
5.     void Findfor(char *ch)
6.     {
7.     int i=0;
8.     for(i=0;i<strlen(ch);i++)
```

```
9.     {
10.    if(ch[i]=='f'&&ch[i+1]=='o'&&ch[i+2]=='r')
11.    printf("This row have for:\n%s\n",ch);
12.    }
13.    }
14.    int main()
15.    {
16.    FILE *fp;
17.    char ch[N];
18.    fp=fopen("test.txt","r");
19.    while(!feof(fp))
20.    {
21.    fgets(ch,N,fp);
22.    Findfor(ch);
23.    }
24.    fclose(fp);
25.    return 0;
26.    }
```

将上述程序保存为 Exp10-16.c，并解析程序功能。

第二部分　参考答案

实验 1   C 语言运行环境

题 1.

（1）编译程序 Exp1-1.c，改正所提示的语法错误，并分析错误产生的原因。

● 错误提示如图 2-1-1 所示。

行	列	单元	信 息
		D:\Project\Exp1-1.c	在此函数中：'main'：
4	19	D:\Project\Exp1-1.c	[错误] 期待 ';' 在此之前：'printf'

图 2-1-1   错误提示

● 产生的原因：第 4 行缺少分号。

● 修改过程：在第 4 行末尾处加入英文状态下分号即可。

（2）查看运行结果，如图 2-1-2 所示。

图 2-1-2   程序 Exp1-1.c 运行结果

题 2.

（1）编译并运行程序 Exp1-2.c，运行结果如图 2-1-3 所示。

图 2-1-3   程序 Exp1-2.c 运行结果

（2）将 Exp1-2.c 中的第 5 行替换为 scanf("%d%d%d", &a, &b, &c)；，分析运行结果，为什么会出错？怎么修改？

● 错误提示如图 2-1-4 所示。

图 2-1-4   错误提示

● 产生的原因：修改后的 scanf 函数格式控制是%d%d%d，未使用任何符号隔开，在输入时如果仍以逗号隔开，导致编译系统无法识别第 2 个和第 3 个变量赋值数值，影响变量赋值结果。

● 修改过程：输入时可以使用空格或回车隔开，即输入 2 1 3 可得到正确结果，如图 2-1-5 所示。

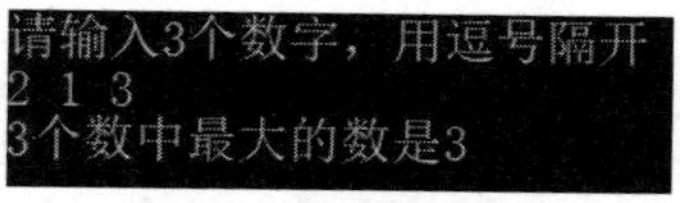

图 2-1-5　程序 Exp1-2.c 修改后的运行结果

题 3.

程序 Exp1-3.c 的源程序如下：

```
1.    #include<stdio.h>
2.    int main() {
3.        printf("=============\n");
4.        printf("Hello World!\n");
5.        printf("=============\n");
6.        return 0;
7.    }
```

程序 Exp1-3.c 运行结果如图 2-1-6 所示。

图 2-1-6　Exp1-3.c 运行结果

题 4.

程序 Exp1-4.c 的源程序如下：

```
1.     #include<stdio.h>
2.     int main() {
3.         printf("  ***     ***\n");
4.         printf("  ****** ******\n");
5.         printf("  ***********\n");
6.         printf("   *********\n");
7.         printf("    *******\n");
8.         printf("     *****\n");
9.         printf("      ***\n");
10.        printf("       *\n");
11.        return 0;
12.    }
```

程序 Exp1-4.c 运行结果如图 2-1-7 所示。

图 2-1-7　程序 Exp1-4.c 运行结果

实验 2 数据类型与表达式

题 1.

（1）编译并运行程序 Exp2-1.c，运行结果如图 2-2-1 所示。

```
a+u=235, b+u=4294934548
a=32767, b=-32768, us=32768
```

图 2-2-1 程序 Exp2-1.c 运行结果

- 分析结果：d=b+u 的演示过程。变量 b 的数据类型定义为短整型，赋值为−32768，取值范围是−32768~32767，变量 d 的数据类型是无符号整型，取值范围是 0~4294967295。如果短整型与无符号整型数值计算，赋值给无符号短整型时，存在数据类型转换过程。首先变量 b 需转换为无符号整型，负值转换为正数，按照二进制计算该值的补码，−32768 转换为无符号整型的补码是 4294934528，然后将 4294934528 加上 20，计算结果为 4294934548。

- b=a+1 的演示过程。a+1=32768，变量 a 数据类型为整型，而 b 是短整型，计算结果 32768 超过短整型取值范围，故二进制计算 32768 的整型转化为短整型时被截断计算为−32768。

（2）编译程序 Exp2-1.c，观察程序中是怎么样定义和使用整型变量的，将第 3~6 行的变量定义语句和第 7~11 行的变量赋值语句位置对调一下，分析程序中的变量是否可以"先使用后定义"？

- 变量不可以"先使用后定义"，编译系统无法理解变量，会提示变量未声明。编译信息提示如图 2-2-2 所示。

行	列	单元	信息
		D:\Project\Exp2-1.c	在此函数中：'main':
5	2	D:\Project\Exp2-1.c	[错误] 'a' 未声明（首次在此函数中使用）
5	2	D:\Project\Exp2-1.c	[注解] each undeclared 标识符 is reported only once 对于 each 函数 it appears in
6	2	D:\Project\Exp2-1.c	[错误] 'b' 未声明（首次在此函数中使用）
7	2	D:\Project\Exp2-1.c	[错误] 'u' 未声明（首次在此函数中使用）
8	2	D:\Project\Exp2-1.c	[错误] 'c' 未声明（首次在此函数中使用）
9	2	D:\Project\Exp2-1.c	[错误] 'd' 未声明（首次在此函数中使用）

图 2-2-2 编译信息提示

（3）Exp2-1.c 执行结果存在逻辑错误，请分析错误原因，并修改程序后得到正确的结果。

- 错误原因：上面两个错误都是由于变量赋值的范围超过该变量定义的数据类型取值范围。

- 修改过程：d=b+u 中变量 d 结果错误，修改 d 的数据类型为 int 型；b=a+1 中变量 b 结果错误，修改 b 的数据类型为 int 型。

题 2.

（1）编译并运行程序 Exp2-2.c，运行结果如图 2-2-3（a）所示。

（2）将 Exp2-2.c 中的第 3 行修改为 int c1, c2 ;，运行结果如图 2-2-3（b）所示。

（3）将 Exp2-2.c 中的第 4 行修改为 c1=97+1;，第 5 行修改为 c2=98+2;，运行结果如图 2-2-3（c）所示。

（4）略。

（5）将 Exp2-2.c 中的第 4 行修改为 c1="a"+1;，第 5 行修改为 c2 = "b"+2;，运行结果如图 2-2-3（d）所示。

（a）	（b）	（c）	（d）

图 2-2-3　程序 Exp2-2.c 运行结果

提示：编译信息提示警告如图 2-2-4 所示，实际上为编译错误造成，因为"a"和"b"是字符串类型，无法运算后赋值给字符型，所以，请读者切记分清字符型需用单引号（'）引起，不可用双引号（"）引起。

图 2-2-4　编译信息提示

题 3.

（1）编译并运行程序 Exp2-3.c，运行结果如图 2-2-5（a）所示。

（2）将 Exp2-3.c 中的第 6、7、9、10、11 行加法（+）计算分别改为整除（/）和取余（%）计算，分析运行结果。

● 修改为整除运算得到结果，如图 2-2-5（b）所示。

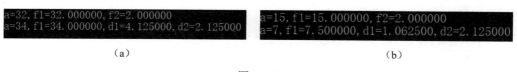

（a）	（b）

图 2-2-5

● 修改为取余运算 rgk 得不到运算结果。

提示：编译环境错误提示如图 2-2-6 所示，不能将整型同浮点型、浮点型同浮点型进行取余运算。

行	列	单元	信息
		D:\Project\Exp2-3-2.c	在此函数中：'main':
6	8	D:\Project\Exp2-3-2.c	[错误] invalid 操作数s 到 binary % (have 'int' 和 'float')
7	9	D:\Project\Exp2-3-2.c	[错误] invalid 操作数s 到 binary % (have 'int' 和 'float')
9	9	D:\Project\Exp2-3-2.c	[错误] invalid 操作数s 到 binary % (have 'float' 和 'float')
10	10	D:\Project\Exp2-3-2.c	[错误] invalid 操作数s 到 binary % (have 'float' 和 'float')
11	10	D:\Project\Exp2-3-2.c	[错误] invalid 操作数s 到 binary % (have 'double' 和 'float')

图 2-2-6　编译环境错误提示

题 4.

（1）编译并运行程序 Exp2-4.c，运行结果如图 2-2-7（a）所示。

（2）将 Exp2-4.c 中的第 6 行修改为 c=a++;，第 7 行修改为 d=++b;，运行结果如图 2-2-7（b）所示。

（3）将 Exp2-4.c 中的第 6、7 行去掉，将第 8 行修改为 printf("a=%d,b=%d", a++, ++b);，运行结果如图 2-2-7（c）所示。

（4）在上次修改基础上，将第 8 行修改为 printf("%d,%d,%d,%d", a, b,++a, b++);，运行结果如图 2-2-7（d）所示。

（5）将 Exp2-4.c 中的代码修改后，编译并运行程序，运行结果如图 2-2-7（e）所示。

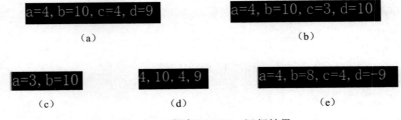

a=4, b=10, c=4, d=9　　　　　a=4, b=10, c=3, d=10
（a）　　　　　　　　　　　　　　（b）

a=3, b=10　　　4, 10, 4, 9　　　a=4, b=8, c=4, d=-9
（c）　　　　（d）　　　　　（e）

图 2-2-7　程序 Exp2-4.c 运行结果

题 5.

（1）修改过程：将第 3 行修改为 int x,y;。

● 错误提示如图 2-2-8 所示。

行	列	单元	信息
		D:\Project\Exp2-5.c	在此函数中：'main':
4	2	D:\Project\Exp2-5.c	[错误] 'y' 未声明（首次在此函数中使用）
4	2	D:\Project\Exp2-5.c	[注解] each undeclared 标识符 is reported only once 对于 each 函数 it appears in

图 2-2-8　错误提示

● 产生的原因：使用分号结尾表示一条语句执行结束，int x;表示声明变量 x 已结束，"y;"编译系统无法理解 y 声明的数据类型，故提示未声明。如果同一数据类型声明多个变量时可以用逗号隔开。

（2）修改过程：将第 6 行 scanf("%d,%d", x, y);修改为 scanf("%d,%d", &x, &y);。

● 错误提示：编译信息不会提示错误，但输出的结果不对，输入 scanf()函数务必加上取地址符（&），确保可以找寻变量的地址，并赋值给变量保存。

（3）修改过程：将第 7 行修改为 ave =(x + y) / 2.0;。

● 错误提示：此处为逻辑错误，如图 2-2-9 所示，键盘输入 5,4，计算平均值为 7，很明显和预期计算结果平均值为 4.5 的结论不符。

图 2-2-9　程序 Exp2-5.c 运行结果

● 产生的原因：涉及算术运算符的优先级问题，先计算乘除再计算加减，故整除的优先级高于加法运算，在 ave = x + y / 2.0 语句中先计算整除 4/2.0，得到结果 2.0，再计算加法 5+2.0，得到结果为 7.0。为了符合计算思路可以使用括号，括号优先级最高，先计算括号内的加法运算，即 5+4 得到 9，再计算整除 9/2.0 得到 4.5，如图 2-2-10 所示。

图 2-2-10　正确结果

（4）修改过程：将第 8 行修改为 printf("平均值是:ave=%.2f", ave);。

● 错误提示如图 2-2-11 所示。

行	列	单元	信息
		D:\Project\Exp2-5.c	在此函数中：'main':
8	30	D:\Project\Exp2-5.c	[错误] 'AVE' 未声明（首次在此函数中使用）

图 2-2-11　错误提示

● 产生的原因：标识符有大小写区分，变量 ave 和变量 AVE 是 2 个变量名，本源程序只为变量 ave 声明，故 AVE 提示未声明。读者需注意命名标识符后，一定要正确书写。

题 6.

程序 Exp2-6.c 的源程序如下：

```
1.   #include<stdio.h>
2.   int main() {
3.       int i;
4.       printf("请输入一个整数：");
5.       scanf("%d", &i);
6.       printf("%d 的平方值为：%d\n", i, i * i);
7.       printf("%d 的立方值为：%d\n", i, i * i * i);
8.       return 0;
9.   }
```

程序 Exp2-6.c 运行结果图 2-2-12 所示。

请输入一个整数：3
3的平方值为：9
3的立方值为：27

图 2-2-12　程序 Exp2-6.c 运行结果

题 7.

程序 Exp2-7.c 的源程序如下：

```
1.    #include<stdio.h>
2.    int main() {
3.        float a, b;
4.        printf("请输入两个小数，用空格分割，按回车键结束：");
5.        scanf("%f%f", &a, &b);
6.        printf("计算结果为：\n");
7.        printf(" %f + %f = %f\n", a, b, a + b);
8.        printf(" %f - %f = %f\n", a, b, a - b);
9.        printf(" %f * %f = %f\n", a, b, a * b);
10.       printf(" %f / %f = %f\n", a, b, a / b);
11.       return 0;
12.   }
```

程序 Exp2-7.c 运行结果如图 2-2-13 所示。

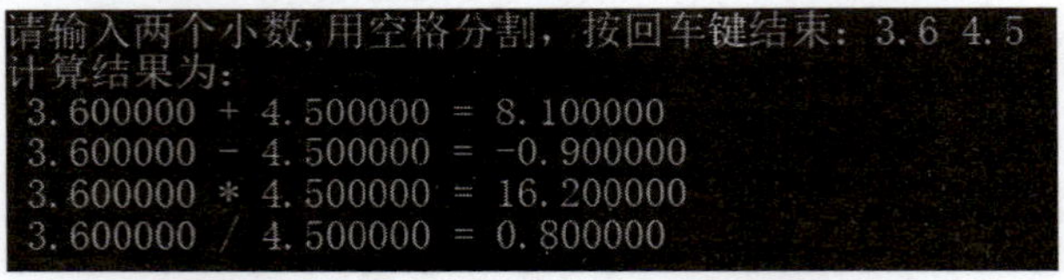

请输入两个小数,用空格分割，按回车键结束：3.6 4.5
计算结果为:
3.600000 + 4.500000 = 8.100000
3.600000 - 4.500000 = -0.900000
3.600000 * 4.500000 = 16.200000
3.600000 / 4.500000 = 0.800000

图 2-2-13　程序 Exp2-7.c 运行结果

题 8.

程序 Exp2-8.c 的源程序如下：

```
1.    #include<stdio.h>
2.    int main() {
3.        float f, c;
4.        printf("请输入华氏温度，按回车结束：");
5.        scanf("%f", &f);
6.        c = 5.0 / 9 * (f - 32);
7.        printf("摄氏温度为：%.2f\n", c);
8.        return 0;
9.    }
```

程序 Exp2-8.c 运行结果如图 2-2-14 所示。

请输入华氏温度，按回车键结束：64
摄氏温度为：17.78

图 2-2-14　程序 Exp2-8.c 运行结果

题 9.

程序 Exp2-9.c 的源程序如下：

```
1.    #include<stdio.h>
2.    #define PI 3.14
3.    int main() {
4.        float r, S, L;
5.        printf("请输入圆形半径长度：");
6.        scanf("%f", &r);
7.        S = PI * r * r;
8.        L = 2 * PI * r;
9.        printf("\n 圆形面积为：%.2f\n", S);
10.       printf("圆形周长为：%.2f\n", L);
11.       return 0;
12.   }
```

程序 Exp2-9.c 运行结果如图 2-2-15 所示。

```
请输入圆形半径长度：6

圆形面积为：113.04
圆形周长为：37.68
```

图 2-2-15 程序 Exp2-9.c 运行结果

题 10.

程序 Exp2-10.c 的源程序如下：

```
1.    #include<stdio.h>
2.    #include<math.h>
3.    int main() {
4.        double p, r = 0.05;
5.        int n = 6;
6.        p = pow((1.0 + r), n);
7.        printf("6 年后比现在增长：%.2f\n", p);
8.        return 0;
9.    }
```

程序 Exp2-10.c 运行结果如图 2-2-16 所示。

```
6年后比现在增长：1.34
```

图 2-2-16 程序 Exp2-10.c 运行结果

实验 3　顺序结构程序设计

题 1.

（1）将第 4 行修改为 ch1 = getchar();，将第 5 行修改为 ch2 = getchar();，将第 8 行修改为 printf("%c\n", ch2);。

- 错误提示：
  - 第 4 行：[错误] 期待 ';' 在此之前: 'ch2'
  - 第 5 行：[错误] 'getcher' 未在此范围内声明; 你是否想要 'getchar'?
  - 第 8 行：[错误] 'print' 未在此范围内声明; 你是否想要 'printf'?
- 产生的原因：C 语句以分号作为结束标志，getchar()函数、printf()函数名称书写错误。

（2）逗号和空格是有效字符，因此，程序 Exp3-1.c 在三种不同输入情况的运行结果如图 2-3-1 所示。

```
ABC
CAB
```

```
A,B,C
BA,
```

```
A B C
BA
```

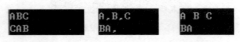

图 2-3-1　程序 Exp3-1.c 运行结果

题 2.

（1）编译并运行程序，运行结果如图 2-3-2（a）所示。

（2）将 Exp3-2.c 中的第 9 行修改为 printf("%d,%u,%o,%x\n", i, i, i, i);，运行结果如图 2-3-2（b）所示。

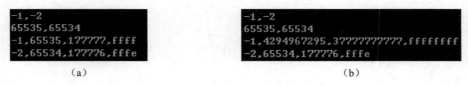

```
-1,-2
65535,65534
-1,65535,177777,ffff
-2,65534,177776,fffe
```

（a）

```
-1,-2
65535,65534
-1,4294967295,37777777777,ffffffff
-2,65534,177776,fffe
```

（b）

图 2-3-2　程序 Exp3-2.c 运行结果

题 3.

编译并运行程序 Exp3-3.c，运行结果如图 2-3-3 所示。

```
a =    123-------------a(= %6d)
a =   +123-------------a(= %+6d)
a = 123    ------------a(= %-6d)
L = 65537--------------a(= %ld)
L = 1------------------a(= %hd)
f =    250000.0000--------(f = %15.4lf)
f =     2.5000E+005--------(f = %15.4E)
char = A------------(char = %c)
char =    A---------(char = %4c)
string = National Day----------(char = %s)
string =          Nat----------(char = %12.3s)
```

图 2-3-3　程序 Exp3-3.c 运行结果

题 4.

（1）编译并运行程序，先输入 ABC，再输入 66<空格>92，最后输入 123456789，运行结果如图 2-3-4（a）所示。

（2）删除程序第 9～14 行，运行程序时输入 A<空格>BC，运行结果运行结果如图 2-3-4（b）所示。

（3）删除程序第 9～14 行，将第 7 行中的%c%c%c 修改为%3c%3c%3c，运行程序时输入 LoveCHINA，运行结果如图 2-3-4（c）所示。

（4）删除程序第 9～14 行，将第 7 行修改为 scanf("ch1=%c,ch2=%c,ch3=%c", &ch1, &ch2, &ch3);，运行程序时输入 ch1=A,ch2=B,ch3=C，运行结果如图 2-3-4（d）所示。

（a）   （b）

（c）   （d）

图 2-3-4　程序 Exp3-4.c 运行结果

题 5.

（1）编译并运行程序，用键盘输入 521，程序运行结果如图 2-3-5（a）所示。

（2）将 Exp3-5.c 中第 6 行代码修改为 shiwei = (n-baiwei*100)/10;，编译并运行程序，用键盘输入 359，运行结果如图 2-3-5（b）所示。

（3）继续修改程序，将第 8 行代码修改为 printf("%d", gewei * 100 + shiwei * 10 + baiwei * 1);，用键盘输入 123456789，运行结果如图 2-3-5（c）所示。

（a）   （b）   （c）

图 2-3-5　程序 Exp3-5.c 运行结果

题 6.

（1）编译程序，改正程序中的 3 处错误，并分析错误产生的原因。

- 将第 9 行 return 0;后面加上花括号，将第 4 行修改为 scanf("%d%d", &a,&b);，将第 8 行修改为 printf("a=%d,b=%d", a, b);。

● 产生的原因：函数体是由一对花括号括起来的一系列 C 语句组成。

（2）用键盘输入 6<空格>4，运行结果如图 2-3-6（a）所示，输入的两个数之间用逗号间隔，运行结果如图 2-3-6（b）所示。

（a）   （b）

图 2-3-6　程序 Exp3-6.c 运行结果

（3）程序 Exp3-6-2.c 的源程序如下：

```
1.  #include<stdio.h>
2.  int main() {
3.      int a, b, t;
4.      scanf("%d%d", &a, &b);          //输入变量 a、b 的值，a=6，b=4
5.      t = a;
6.      a = b;
7.      b = t;
8.      printf("a=%d,b=%d", a, b);      //输出交换后的 a、b 的值
9.      return 0;
10. }
```

题 7.

程序 Exp3-7.c 的源程序如下：

```
1.  #include<stdio.h>
2.  int main() {
3.      char ch;
4.      printf("请输入一个大写字母：");
5.      scanf("%c", &ch); //ch=getchar();
6.      ch = ch + 32;
7.      printf("转换后为：");
8.      printf("%c", ch); //putchar(ch);
9.      return 0;
10. }
```

运行程序，输入 ch 的值 A，运行结果如图 2-3-7 所示。

图 2-3-7　程序 Exp3-7.c 运行结果

题 8.

程序 Exp3-8.c 的源程序如下：

```
1.  #include<stdio.h>
2.  int main() {
```

```
3.        float math, chinese, computer, average;
4.        printf("请输入数学成绩：");
5.        scanf("%f", &math);
6.        printf("请输入语文成绩：");
7.        scanf("%f", &chinese);
8.        printf("请输入计算机成绩：");
9.        scanf("%f", &computer);
10.       average = (math + chinese + computer) / 3;
11.       printf("数学\t 语文\t 计算机\t 平均分\n");
12.       printf("%.2f\t%.2f\t%.2f\t%.2f", math, chinese, computer, average);
13.       return 0;
14.    }
```

运行程序，输入各门课程的成绩为 85、99、69，运行结果如图 2-3-8（a）所示；输入各门课程的成绩为 65.5、86.4、92.6，运行结果如图 2-3-8（b）所示。

（a）　　　　　　　　　　　　　　　　（b）

图 2-3-8　程序 Exp3-8.c 运行结果

题 9.

程序 Exp3-9.c 的源程序如下：

```
1.    #include<stdio.h>
2.    #include<math.h>
3.    int main() {
4.        int a, b, c;
5.        double s, area;
6.        scanf("%d%d%d", &a, &b, &c);
7.        s = (a + b + c) / 2.0;
8.        area = sqrt(s * (s - a) * (s - b) * (s - c));
9.        printf("Area is %.2lf.", area);
10.       return 0;
11.    }
```

运行程序，输入三角形的 3 条边长 3、4、5，运行结果如图 2-3-9 所示。

```
3 4 5
Area is 6.00.
```

图 2-3-9　程序 Exp3-9.c 运行结果

题 10.

程序 Exp3-10.c 的源程序如下：

```
1.   #include<stdio.h>
2.   int main() {
3.       int x, y;
4.       x = 35 * 2 - 94 / 2;
5.       y = 94 / 2 - 35;
6.       printf("The number of Chicks is %d.\n", x);
7.       printf("The number of Rabbits is %d.", y);
8.       return 0;
9.   }
```

运行程序，运行结果如图 2-3-10 所示。

```
The number of chicks is 23.
The number of rabbits is 12.
```

图 2-3-10　程序 Exp3-10.c 运行结果

题 11.

程序 Exp3-11.c 的源程序如下：

```
1.   #include<stdio.h>
2.   #include<math.h>
3.   int main() {
4.       int a, b, c;
5.       double s1, s2;
6.       scanf("%d%d%d", &a, &b, &c);//输入 a、b、c，构成 a*x*x+b*x+c=0 的方程（a≠0）
7.       s1 = (-b + sqrt(b * b - 4 * a * c)) / 2.0 / a;
8.       s2 = (-b - sqrt(b * b - 4 * a * c)) / 2.0 / a;
9.       printf("方程解为：s1=%.2lf,s2=%.2lf", s1, s2);
10.      return 0;
11.  }
```

运行程序，输入 a、b、c 的值为 1、1、-6，运行结果如图 2-3-11（a）所示；输入 a、b、c 的值为 1、6、9，运行结果如图 2-3-11（b）所示。

```
1 1 -6
方程解为：s1=2.00,s2=-3.00
```

（a）

```
1 6 9
方程解为：s1=-3.00,s2=-3.00
```

（b）

图 2-3-11　程序 Exp3-11.c 运行结果

题 12.

程序 Exp3-12.c 的源程序如下：

```
1.   #include<stdio.h>
2.   #include<math.h>
3.   int main() {
4.       int x1, y1, x2, y2;
5.       double d;
6.       printf("输入 A 点坐标：");
```

```
7.        scanf("%d%d", &x1, &y1);
8.        printf("输入 B 点坐标：");
9.        scanf("%d%d", &x2, &y2);
10.       d = sqrt(pow(x2 - x1, 2) + pow(y2 - y1, 2));
11.       printf("A、B 两点距离 d:%.2lf.", d);
12.       return 0;
13.    }
```

运行程序，输入两个点 A、B 坐标为(3,4)和(-1,2)，运行结果如图 2-3-12 所示。

图 2-3-12　程序 Exp3-12.c 运行结果

题 13.

阅读程序 Exp3-13.c，执行程序时输入 456<空格>789<空格>123<回车>，运行结果如图 2-3-13 所示。

```
456 789 123
4,56,789
```

图 2-3-13　程序 Exp3-13.c 运行结果

题 14.

（1）修改程序中的 3 处错误：①将第 4 行修改为 = (a += b, b += a);；②将第 5 行修改为 d =c;；③将第 6 行修改为 printf("%d,%d,%d\n", a, b, c);。

- 错误提示：
  - 第 4 行：[错误] 期待 expression 在此之前: ',' 符号
  - 第 5 行：[错误] 'C' 未声明（首次在此函数中使用）
- 产生的原因：逗号表达式中逗号之间需要有表达式；C 语言中变量区分大小写；int 整数类型对应的输出格式为%d。

（2）编译并运行程序 Exp3-14.c，运行结果如图 2-3-14 所示。

```
3,5,5
```

图 2-3-14　程序 Exp3-14.c 运行结果

实验 4　选择结构程序设计

题 1.

原程序 if 语句格式错误，C 语言中没有 if…then 的语句用法。要正确表示"如果……否则……"应该用双分支 if 语句。正确的程序代码如下：

```
1.    #include<stdio.h>
2.    int main() {
3.      int  x, y;
4.      scanf("%d %d", &x, &y);
5.      if (x >= y)
6.        printf("x>=y");
7.      else
8.        printf("x<y");
9.      return  0;
10.   }
```

编译运行程序，分别输入"8 5"和"4 6"，程序运行结果如图 2-4-1 所示。

（a）　　　　　　　　　　　　　　　　　（b）

图 2-4-1　程序 Exp4-1.c 运行结果

题 2.

（1）编译运行程序 Exp4-2.c，运行结果如图 2-4-2 所示。

图 2-4-2　程序 Exp4-2.c 运行结果

语句 d = a + b > c && b == c;中，几种运算符的优先级顺序为：算术运算符 > 关系运算符 > &&、|| > 赋值运算符。首先计算 a+b，将其结果 7 与 c 值 5 相比，a+b>c 关系成立，结果为 1；然后判断 b 与 c 是否相等，显然 b==c 关系不成立，逻辑表达式 a + b > c && b == c 等价于 1&&0，结果不成立，d 被赋值为 0，最后输出 d=0。

（2）将逻辑表达式&&修改为||后，||运算符两边的表达式只要其中一个成立，则结果为真，故最后输出 d=1。

（3）增加 x、y 变量定义后，程序 Exp4-2.c 被修改为：

```
1.    #include<stdio.h>
2.    int main() {
```

```
3.      int a = 3, b = 4, c = 5, d, x = 0, y = 0;
4.      d = !(x = a) && (y = b) && 0;
5.      printf("x=%d,y=%d,d=%d\n", x, y, d);
6.      return 0;
7.    }
```

编译运行程序，结果如图 2-4-3 所示。此时，逻辑表达式!(x=a)最先运算，x 被赋值为 3，!x 为假。根据逻辑运算的短路特性可知，当逻辑与运算左边的逻辑量为 0 时，即可判断整个逻辑表达式的结果为 0，之后的表达式不被计算，故 y=b 没有被执行，y 值不变。

x=3, y=0, d=0

图 2-4-3　修改程序 Exp4-2.c（增加 x、y）后的运行结果

题 3.

（1）编译运行程序 Exp4-3.c，用键盘输入 2，程序进入 switch 语句后直接从标号 case 2 开始执行，因为没有 break 语句中断 switch 语句，故程序一直执行至 switch 语句结束。运行结果如图 2-4-4（a）所示。

（2）在程序 Exp4-3.c 的第 13 行代码后增加 break;后，编译运行程序，再次输入 2，程序同样进入 switch 语句后直接从标号 case 2 开始执行，但因为 case 2 后有 break，故执行 printf("Good afternoon.\n"); 后直接跳出 switch 语句。运行结果如图 2-4-4（b）所示。

（a）　　　　　　　　　　　　　　　　（b）

图 2-4-4　程序 Exp4-3.c 运行结果

（3）程序修改为：

```
1.    #include<stdio.h>
2.    int main(){
3.      int x;
4.      printf("*********时间表*********\n");
5.      printf("1  早上\n");
6.      printf("2  下午\n");
7.      printf("3  晚上\n");
8.      printf("*********************\n");
9.      printf("请输入您的选择：");
10.     scanf("%d", &x);
11.     switch (x) {
12.       case 1: printf("Good morning.\n");break;
13.       case 2: printf("Good afternoon.\n");break;
```

```
14.        case 3: printf("Good evening.\n");break;
15.        default: printf("输入错误！\n");
16.      }
17.      return 0;
18.    }
```

题 4.

程序 Exp4-4.c 的源程序如下：

```
1.    #include<stdio.h>
2.    int main() {
3.      double x, y;
4.      printf("x=");
5.      scanf("%lf", &x);
6.      if (x < 1)
7.        y = x;
8.      else if (x < 10)
9.        y = 2 * x - 1;
10.     else
11.       y = 3 * x - 11;
12.     printf("y=%lf\n", y);
13.     return 0;
14.   }
```

运行程序，分别输入 x 的值 0、1、10，程序运行均输出正确的 y 值，实际运行结果如图 2-4-5 所示。

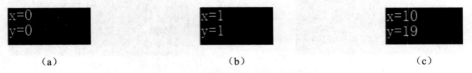

  （a）   （b）   （c）

图 2-4-5 程序 Exp4-4 的运行结果

题 5.

程序 Exp4-5.c 的源程序如下：

```
1.    #include<stdio.h>
2.    #include<math.h>
3.    int main() {
4.      double x, y;
5.      printf("输入一个小于 1000 的正数：x = ");
6.      scanf("%lf", &x);
7.      if (x > 0 && x < 1000) {
8.        y = sqrt(x);
9.        printf("x 的平方根 y = %d\n", (int)y);
10.     } else
11.       printf("x 不符合要求！\n");
12.     return 0;
13.   }
```

编译运行程序 Exp4-5.c，输入 500，程序运行结果如图 2-4-6（a）所示。输入 1001（不符合要求）的程序运行结果如图 2-4-6（b）所示。

```
输入一个小于1000的整数：x = 500
x的平方根 y = .22
```

（a）

```
输入一个小于1000的整数：x = 1001
x不符合要求！
```

（b）

图 2-4-6　程序 Exp4-5.c 的运行结果

题 6.

（1）程序 Exp4-6.c 的源程序如下。

1）用 if 语句：

```
1.    #include<stdio.h>
2.    int main() {
3.        int grade;
4.        char c;
5.        printf("输入一个百分制成绩：grade = ");
6.        scanf("%d", &grade);
7.        if(grade>=90)   c = 'A';
8.        else if(grade>=80)   c = 'B';
9.        else if(grade>=70)   c = 'C';
10.       else if(grade>=60)   c = 'D';
11.       else c = 'E';
12.       printf("grade 为 %d 分对应的成绩等级为：%c\n", grade, c);
13.       return 0;
14.   }
```

2）用 switch 语句：

```
1.    #include<stdio.h>
2.    int main() {
3.        int grade;
4.        char c;
5.        printf("输入一个百分制成绩：grade = ");
6.        scanf("%d", &grade);
7.        switch (grade / 10) {
8.          case 10:
9.          case 9: c = 'A';break;
10.         case 8: c = 'B';break;
11.         case 7: c = 'C';break;
12.         case 6: c = 'D';break;
13.         default: c = 'E';
14.       }
15.       printf("grade 为 %d 分对应的成绩等级为：%c\n", grade, c);
16.       return 0;
17.   }
```

（2）运行程序，分别输入 90、80、70、60、50，程序运行结果如图 2-4-7（a）～（e）所示。

（3）运行程序，输入-70，程序运行结果如图 2-4-7（f）所示。显然，当输入 grade 的值小于 0 或者大于 100 时，成绩都应该无效，但上述代码缺乏对此范围成绩的判断，故而等级输出不正确。

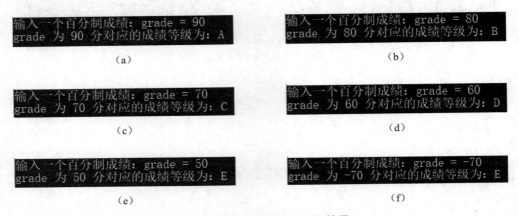

（a）　　　　　　　　　　　　　　　　　　　（b）

（c）　　　　　　　　　　　　　　　　　　　（d）

（e）　　　　　　　　　　　　　　　　　　　（f）

图 2-4-7　程序 Exp4-6.c 运行结果

（4）修改程序如下：

```
1.    #include<stdio.h>
2.    int main() {
3.        int grade;
4.        char c;
5.        printf("输入一个百分制成绩：grade = ");
6.        scanf("%d", &grade);
7.        switch (grade / 10) {
8.            case 10:
9.            case 9: c = 'A'; break;
10.           case 8: c = 'B'; break;
11.           case 7: c = 'C'; break;
12.           case 6: c = 'D'; break;
13.           case 5:
14.           case 4:
15.           case 3:
16.           case 2:
17.           case 1:
18.           case 0: c = 'E'; break;
19.           default: c = 'F';
20.       }
21.       if (grade<=100 && c != 'F')
22.           printf("grade 为 %d 分对应的成绩等级为：%c\n", grade, c);
23.       else
24.           printf("输入数据错误。\n");
25.       return 0;
26.   }
```

编译运行修改后的程序 Exp4-6.c，运行结果如图 2-4-8 所示。

（a）  （b）

图 2-4-8 程序 Exp4-6.c 运行结果

题 7.

程序 Exp4-7.c 的源程序如下：

```
1.   #include<stdio.h>
2.   int main() {
3.     float a, b, c, d, t;
4.     printf("请输入四位同学的成绩，以空格隔开：");
5.     scanf("%f%f%f%f", &a, &b, &c, &d);
6.     if (a >= b) {    t = a; a = b; b = t;    }
7.     if (a >= c) {    t = a; a = c; c = t;    }
8.     if (a >= d) {    t = a; a = d; d = t;    }
9.     if (b >= c) {    t = b; b = c; c = t;    }
10.    if (b >= d) {    t = b; b = d; d = t;    }
11.    if (c >= d) {    t = c; c = d; d = t;    }
12.    printf("四位同学成绩从低到高分别为：%3.2f < %3.2f < %3.2f < %3.2f\n", a, b, c, d);
13.    return 0;
14.  }
```

编译运行程序，输入"80.5 76 88.8 64"，运行结果如图 2-4-9 所示。

图 2-4-9 程序 Exp4-7.c 运行结果（从低到高排序输出）

要使程序按成绩从高到低排序输出，比较思路不变，只需将程序 Exp4-6.c 的第 6～11 行中的>=都改成<=即可。编译运行程序，输入"80.5 76 88.8 64"，运行结果如图 2-4-10 所示。

图 2-4-10 程序 Exp4-7.c 运行结果（从高到低排序输出）

题 8.

程序包含一个单分支 if 语句和一个包含嵌套 if 语句的多分支 if 语句。

单分支 if 语句中，c > 0 条件满足，x = x + y;被执行，x 被赋值为 2。

包含嵌套 if 语句的多分支 if 语句中，a <= 0 条件满足，第一个分支中的嵌套 if 语句被执行。条件 b > 0 虽满足，但 c <= 0 不满足，程序从第 9 行跳过第 10 行语句，直接执行第 15 行，最后输出：2,2,0。

实际运行结果如图 2-4-11 所示。

图 2-4-11 程序 Exp4-8.c 运行结果

题 9.

本题考察逻辑表达式的运算。在条件表达式++a > 0 || ++b > 0 中，逻辑非运算优先级最低，先判断++a > 0 是否成立。因自增运算优先级高于关系运算符，故 a 先自增为 1，1>0 成立，可断定整个条件件表达式的逻辑运算结果为真，执行++c，c 被修改为 3，同时++b > 0 关系运算不被执行，b 值不变，故最后输出结果：1,1,3。

实际运行结果如图 2-4-12 所示。

图 2-4-12　程序 Exp4-9.c 运行结果

题 10.

本题考察的是对 switch 语句的执行过程的认识。x 赋值为 1，程序进入外层 switch 语句，执行 case 1 之后的内层 switch 语句；y 值为 0，执行内层 switch 语句的 case 0 标号后的语句，a 自增为 1，跳出内层 switch 语句；由于外层 switch 语句的 case 1 之后没有 break 语句，程序顺序往下执行 case 2，a 再次自增为 2，b 自增为 1。程序最后输出结果：a=2,b=1。

实际运行结果如图 2-4-13 所示。

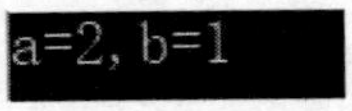

图 2-4-13　程序 Exp4-10.c 运行结果

实验 5　循环结构程序设计

题 1.

（1）语法错误：do-while 语句中，条件表达式的括号后应包含分号。请在第 9 行最后加上;。

（2）运行程序 Exp5-1.c，输入 3859，运行结果如图 2-5-1（a）所示，显然运行结果不正确。

（3）输入数字 n，逆序输出 n 的各位数字，可用 n%10 求得末位上的数字（如 3859%10，结果为 9），再将 n/10 赋给 n（如 n=3859/10，结果 n=385），直至 n 为 0。程序修改如下：

```
1.    #include<stdio.h>
2.    int main() {
3.        int n;
4.        printf( "请输入一个正整数：");
5.        scanf("%d", &n);
6.        do {
7.            printf("%d", n % 10);
8.            n = n / 10;
9.        } while (n != 0);
10.       printf("\n");
11.       return 0;
12.   }
```

程序修改后，编译运行结果如图 2-5-1（b）所示。

（a） 　　　　　　　　　　　　（b）

图 2-5-1　程序 Exp5-1.c 运行结果

题 2.

（1）编译运行程序 Exp5-2.c，输入一串字符"abcd 1234 []"-="（不含汉字），运行结果如图 2-5-2（a）所示。

（2）再次运行程序 Exp5-2.c，输入一串字符"abcd 1234 []"-=中国"（包含汉字），运行结果如图 2-5-2（b）所示。

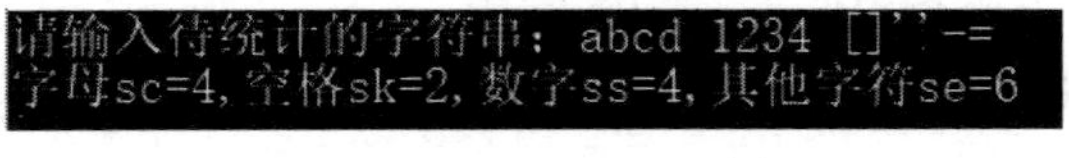

```
请输入待统计的字符串：abcd 1234 []''-=
字母sc=4,空格sk=2,数字ss=4,其他字符se=6
```

（a）

图 2-5-2（一）　程序 Exp5-2.c 运行结果

请输入待统计的字符串：abcd 1234 []''-=中国
字母sc=4，空格sk=2，数字ss=4，其他字符se=10

（b）

图 2-5-2（二） 程序 Exp5-2.c 的运行结果

从图 2-5-2（a）和图 2-5-2（b）的运行结果对比可知，一个汉字被统计为 2 个字符。原因是一个英文字符在内存中占 1 个字节，而一个汉字字符在内存中占 2 个字节。

（3）要实现大小写字母分别统计，须将源程序第 7 行的条件表达式拆分为 2 个条件判断。修改后的程序如下：

```
1.   #include<stdio.h>
2.   int main() {
3.     char c;
4.     // 定义 scb、scs、sk、ss、se 分别用于统计大写字母、小写字母、空格、数字、其他字符的个数
5.     int scb = 0, scs = 0, sk = 0, ss = 0, se = 0;
6.     printf("请输入待统计的字符串：");
7.     while ((c = getchar()) != '\n') {
8.       if (c >= 'A' && c <= 'Z' )
9.         scb += 1;
10.      else if (c >= 'a' && c <= 'z')
11.        scs += 1;
12.      else if (c == ' ')
13.        sk += 1;
14.      else if (c >= '0' && c <= '9')
15.        ss += 1;
16.      else
17.        se += 1;
18.    }
19.    printf("大写字母 scb=%d,小写字母 scs=%d,空格 sk=%d,数字 ss=%d,其他字符 se=%d",
       scb, scs, sk, ss, se);
20.    return 0;
21.  }
```

编译运行程序，输入"ABcd 1234 []"-="，运行结果如图 2-5-3 所示。

请输入待统计的字符串：ABcd 1234 []''-=
大写字母scb=2，小写字母scs=2，空格sk=2，数字ss=4，其他字符se=6

图 2-5-3 程序 Exp5-2.c（大小写字母分别统计）运行结果

题 3.

本题考察的是 for 语句和 continue 语句的应用。

（1）语法错误：for 语句括号中有三个表达式，最后一个表达式没有分号。删除程序 Exp5-3.c 第 5 行圆括号中最后一个分号即可。

（2）更正语法错误后，程序编译运行结果如图 2-5-4 所示。

1-20之间能被3整除的数有： 3　　　6　　　9　　　12　　　15　　　18

图 2-5-4　程序 Exp5-3.c（continue）的运行结果

（3）将原程序第 7 行的 continue 语句改成 break 语句后，编译运行，i 为 1 时，i％3＝＝1，if 语句条件判断成立，执行 break 语句，中断 for 循环。实际运行结果如图 2-5-5 所示。

1-20之间能被3整除的数有：

图 2-5-5　程序 Exp5-3.c（break）运行结果

题 4.

本题考察如何使用循环语句实现穷举算法。从 100 到 999，逐个判断是否满足"各位数字立方和等于该数本身"，是则输出，否则取下一个数继续判断。程序源代码如下：

```
1.   #include<stdio.h>
2.   int main(){
3.       int i,a,b,c;
4.       for (i=100;i<1000;i++){
5.           a=i%10;
6.           b=i%100/10;
7.           c=i/100;
8.           if(i==a*a*a+b*b*b+c*c*c)
9.               printf("%d\t",i);
10.      }
11.      return 0;
12.  }
```

编译运行程序 Exp5-4.c，运行结果如图 2-5-6 所示。

153　　　370　　　371　　　407

图 2-5-6　程序 Exp5-4.c 运行结果

题 5.

（1）本题考察循环的嵌套的实际应用。假设用 row 控制输出第几行，用 col 控制输出第几列，则每行最多输出多少列可表示为 2*row-1；外层循环控制总共输出的行数，内层循环控制每行输出的列数。程序代码如下：

```
1.   #include<stdio.h>
2.   int main() {
3.       int row, col;
4.       for (row = 1; row < 6; row++) {
5.           for (col = 1; col <= 2 * row - 1; col++)
6.               printf("*");
7.           printf("\n");
8.       }
9.       return 0;
10.  }
```

（2）输出等腰三角形的编程思路：由*组成的等腰三角形可看做是一个由空格组成的倒直角三角形和一个由*组成的等腰三角形构成。同样用循环的嵌套来实现。外层循环控制总共输出多少行，内层循环控制每行输出的列数。假设用 row 控制输出第几行，用 col 控制输出第几列，则每行最多输出的空格数可表示为 5-row，最多输出的列数可表示为 2*row-1。

输出等腰三角形的源代码如下：

```
1.   #include<stdio.h>
2.   int main() {
3.     int row, col;
4.     for (row = 1; row < 6; row++) {
5.       for (col = 1; col <= 5 - row; col++)
6.         printf(" ");
7.       for (col = 1; col <= 2 * row - 1; col++)
8.         printf("*");
9.       printf("\n");
10.    }
11.    return 0;
12.  }
```

题 6.

程序 Exp5-6.c 的源程序如下：

```
1.   #include<stdio.h>
2.   int main() {
3.     int day = 9, x1, x2 = 1;
4.     while (day > 0) {
5.       x1 = (x2 + 1) * 2;
6.       x2 = x1;
7.       day--;
8.     }
9.     printf("第一天共摘了%d 个桃子。\n", x1);
10.    return 0;
11.  }
```

编译运行程序，运行结果如图 2-5-7 所示。

第一天共摘了1534个桃子。

图 2-5-7 程序 Exp5-6.c 运行结果

题 7.

程序 Exp5-7.c 的源程序如下：

```
1.   #include<stdio.h>
2.   int main() {
3.     int i, j, k, total = 0;   // i、j、k 分别用于表示 1 分、2 分、5 分硬币个数
4.     printf("1 分 2 分 5 分\n");
5.     for (i = 0; i <= 100; i++)
```

```
6.        for (j = 0; j <= 50; j++)
7.          for (k = 0; k <= 20; k++)
8.            if (i + 2 * j + 5 * k == 100) {
9.                printf("%-4d%-4d%-4d\n", i, j, k);
10.               total++;    // 穷举，若 3 种硬币总值恰好等于 100，则换法统计加 1
11.            }
12.      printf("总共%d 种换法。\n",total);
13.      return 0;
14.   }
```

编译运行程序 Exp5-7.c，运行结果如图 2-5-8 所示。

图 2-5-8　程序 Exp5-7.c 运行结果

当 i 值一定时，j 最大为(100-i)/2，k 最大为(100-i-2*j)/5。修改程序 Exp5-7.c 如下：

```
1.   #include<stdio.h>
2.   int main() {
3.      int i, j, k, total = 0;   // i、j、k 分别用于表示 1 分、2 分、5 分硬币个数
4.      printf("1 分 2 分 5 分\n");
5.      for (i = 0; i <= 100; i++)
6.        for (j = 0; j <= (100 - i) / 2; j++)
7.          for (k = 0; k <= (100 - i - 2 * j) / 5; k++)
8.            if (i + 2 * j + 5 * k == 100) {
9.                printf("%-4d%-4d%-4d\n", i, j, k);
10.               total++;    // 穷举，若 3 种硬币总值恰好等于 100，则换法统计加 1
11.            }
12.      printf("总共%d 种换法。\n", total);
13.      return 0;
14.   }
```

题 8

（1）假设输入 1 2 3 4 5 0<回车>，程序的输出结果是 6566456，具体分析如下：

1）输入 1，进入循环，执行 switch 语句中 case 1 和 case 2 之后的语句，输出 65，跳出 switch 语句，接收键盘输入。

2）输入 2，进入循环，执行 switch 语句中 case 2 之后的语句，输出 6，跳出 switch 语句，接收键盘输入。

3）输入 3，进入循环，执行 switch 语句中 case 3 和 default 之后的语句，输出 64，跳出 switch 语句，接收键盘输入。

4）输入 4，进入循环，执行 switch 语句中 default 之后的语句，输出 5，跳出 switch 语句，接收键盘输入。

5）输入 5，进入循环，执行 switch 语句中 default 之后的语句，输出 6，跳出 switch 语句，接收键盘输入。

6）输入 0，不满足循环条件，跳过循环，执行 return 0;，结束程序运行。

（2）编译运行程序 Exp5-8.c，实际运行结果如图 2-5-9 所示。

```
1 2 3 4 5 0
6566456
```

图 2-5-9　程序 Exp5-8.c 运行结果

题 9.

（1）由源程序可知：

1）当 i%2 取余结果为真时（即 i 取值为 1、3、5 时），输出字符 i+b。因 b 为'a'，故即依次输出字符'b'、'd'、'f'。

2）当 i%2 取余结果为假时（即 i 取值为 0、2、4 时），输出字符 i+c。因 c 为'A'，故即依次输出字符'A'、'C'、'E'。

i 依次取值为 0、1、2、3、4、5，故程序最终依次输出：AbCdEf。

（2）实际运行结果如图 2-5-10 所示。

```
AbCdEf
```

图 2-5-10　程序 Exp5-9.c 运行结果

题 10.

（1）阅读代码可知，源程序中包含一个嵌套的 for 循环。当且仅当内层循环变量 j 小于等于外层循环变量 i 时，内层循环的循环体才会被执行。故当 i=3，j=3 时，m=m%j;第一次被执行，此时 m 被重复赋值为 55%3，即 m=1。然后 j 自增为 4，内层循环条件 j<=i 不满足，内层循环结束，外层循环变量 i 自增为 4，外层循环条件 i<=3 不满足，退出循环，执行打印输出语句。

（2）实际运行结果如图 2-5-11 所示。

图 2-5-11　程序 Exp5-10.c 运行结果

实验 6 数   组

题 1.

（1）将第 5 行 scanf("%d", a)改为 scanf("%d", &a[i]);。

产生的原因：对于一维数组 a，不能整体输入输出，只能对数组元素逐个引用。

（2）运行程序 Exp6-1.c，运行结果如图 2-6-1 所示。

图 2-6-1   程序 Exp6-1.c 运行结果

（3）修改程序算法，完整程序如下：

```
1.    #include<stdio.h>
2.    int main() {
3.        int a[5];
4.        int i, j, t;
5.        for (i = 0; i < 5; i++)
6.            scanf("%d", &a[i]);
7.        for (i = 0, j = 4; i < j; i++, j--) {
8.            t = a[i];
9.            a[i] = a[j];
10.           a[j] = t;
11.       }
12.       for (i = 0; i < 5; i++)
13.           printf("%d ", a[i]);
14.       return 0;
15.   }
```

题 2.

（1）运行程序 Exp6-2.c，运行结果如图 2-6-2 所示。

图 2-6-2   程序 Exp6-2.c 运行结果

（2）完善程序，实现前 20 个斐波那契数列的求和功能，程序如下：

```
1.    #include<stdio.h>
2.    int main() {
```

```
3.          int i, sum = 0;
4.          int f[20] = {1, 1};
5.          for (i = 2; i < 20; i++)
6.              f[i] = f[i - 2] + f[i - 1];
7.          for (i = 0; i < 20; i++) {
8.              if (i % 5 == 0)
9.                  printf("\n");
10.             printf("%12d", f[i]);
11.         }
12.         for (i = 0; i < 20; i++)
13.             sum = sum + f[i];
14.     printf("\nSum is %d.", sum);
15.     return 0;
16. }
```

题 3.

（1）运行程序 Exp6-3.c，运行结果如图 2-6-3（a）所示。

（2）修改程序第 12 行为 b[i][j] = a[j][i] ;。

行列互换应将 a[j][i]赋值给 b[i][j]，此错误为赋值语句规则不清。

（3）修改程序后运行结果如图 2-6-3（b）所示。

（a）

（b）

图 2-6-3　程序 Exp6-3.c 运行结果

题 4

（1）将第 3 行 int a[3][3], sum;修改为 int a[3][3], sum=0;，将第 7 行 scanf("%d", a[i][j]);修改为 scanf("%d", &a[i][j]);。

错误原因：sum 用于存储和值，初始值为 0，否则 sum 的值为随机值，结果出错；按照 scanf 的语法规则，a[i][j]应取其地址。

（2）运行程序 Exp6-4.c，运行结果如图 2-6-4 所示。

图 2-6-4　程序 Exp6-4.c 运行结果

（3）修改程序算法，完善后的程序如下：

```
1.    #include<stdio.h>
2.    int main() {
3.        int a[3][3], sum = 0;
4.        int i, j;
5.        for (i = 0; i < 3; i++)
6.            for (j = 0; j < 3; j++)
7.                scanf("%d", &a[i][j]);
8.        printf("输出数组 a:\n");
9.        for (i = 0; i < 3; i++) {
10.           for (j = 0; j < 3; j++)
11.               printf("%d ", a[i][j]);
12.           printf("\n");
13.       }
14.       for (i = 0; i < 3; i++)
15.           for (j = 0; j < 3; j++)
16.               if (i == j)
17.                   sum = sum + a[i][j];
18.       printf("sum=%d\n", sum);
19.       return 0;
20.   }
```

题 5.

（1）运行程序 Exp6-5.c，运行结果如图 2-6-5 所示。

```
please input the chars: I am a boy.

.yob a ma I
```

图 2-6-5　程序 Exp6-5.c 运行结果

（2）修改后的完整程序如下：

```
1.    #include<stdio.h>
2.    #include<string.h>
3.    int main() {
4.        char a[80], c;
5.        int k = 0, j;
6.        printf("\n please input the chars: ");
7.        gets(a);
8.        k = strlen(a);
9.        printf("\n ");
10.       for (j = k - 1; j >= 0; j--)    //逆序输出字符序列
11.           printf("%c", a[j]);
12.       return 0;
13.   }
```

（3）修改后的完整程序如下：

```
1.    #include<stdio.h>
```

```
2.      #include<string.h>
3.      int main() {
4.          char a[80], b[80], c;
5.          int k = 0, j;
6.          printf("\n please input the chars: ");
7.          gets(a);
8.          k = strlen(a);
9.          printf("\n ");
10.         b[k] = '\0';
11.         for (j = 0; a[j] != '\0'; j++)    //把数组 a 逆序放入数组 b 中
12.             b[k - j - 1] = a[j];
13.         puts(b);
14.         return 0;
15.     }
```

题 6.

（1）运行程序 Exp6-6.c，运行结果如图 2-6-6 所示。

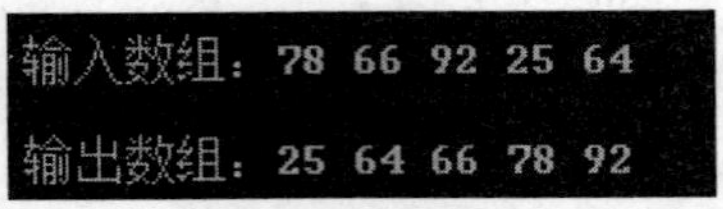

输入数组： 78 66 92 25 64

输出数组： 25 64 66 78 92

图 2-6-6   程序 Exp6-6.c 运行结果

（2）修改后的程序如下：

```
1.      if (a[min] > a[j])    //a[min]、a[j]比较得到最小值下标
2.          min = j;
3.      t = a[min];           //a[min]、a[i]两两交换
4.      a[min] = a[i];
5.      a[i] = t;
```

题 7.

（1）完善后的程序如下：

```
1.      #include<stdio.h>
2.      int main () {
3.          int i, s, x, a[11] = {162, 127, 105, 87, 68, 54, 28, 18, 6, 3};
4.          scanf("%d", &x);
5.          for (i = 0; i < 10; i++)
6.              if (x > a[i]) {         //x 大于当前数组元素，当前位置就是插入位置
7.                  for (s = 9; s >= i; s--)
8.                      a[s + 1] = a[s]; //从数组最后一个元素开始到 a[i]为止，逐个后移
9.                  break;
10.             }
11.         a[i] = x;          //插入数 x
12.         for (i = 0; i <= 10; i++)
13.             printf("%5d", a[i]);
```

```
14.        return 0;
15.    }
```

运行结果如图 2-6-7 所示。

图 2-6-7　程序 Exp6-7.c 运行结果

（2）修改程序第 7 行为 for (s = 10; s > i; s--)，第 8 行程序修改为 a[s] = a[s-1];？。

题 8.

（1）完善程序如下，运行结果如图 2-6-8 所示。

● 第 10 行程序代码为：

if (max < x[i]) max = x[i];   //比较数组元素，求最高分

● 第 11 行程序代码为：

if (min > x[i]) min = x[i];   //比较数组元素，求最低分

● 第 12 行程序代码为：

sum += x[i]; //数组元素求和，得到 8 个评委分数总和

```
8.5 8.9 9.2 8.2 7.9 9.6 8.0 8.7
The average sorce is: 8.58.
```

图 2-6-8　程序 Exp6-8.c 运行结果

（2）修改后的程序如下：

```
1.    #include<stdio.h>
2.    int main() {
3.        int x[8], max, min, i, sum = 0;
4.        float aver;
5.        for (i = 0; i < 8; i++)
6.            scanf("%d", &x[i]);
7.        max = min = x[0];
8.        for (i = 0; i <= 7; i++) {
9.            if (max < x[i])
10.               max = x[i];        //比较数组元素，求最高分
11.           if (min > x[i])
12.               min = x[i];        //比较数组元素，求最低分
13.           sum += x[i];           //数组元素求和，得到 8 个评委分数总和
14.       }
15.       aver = (sum - max - min) / 6.0;
16.       printf("The average sorce is: %.2f.\n", aver);
17.       return 0;
18.   }
```

题 9.

（1）运行程序 Exp6-9.c，运行结果如图 2-6-9 所示。

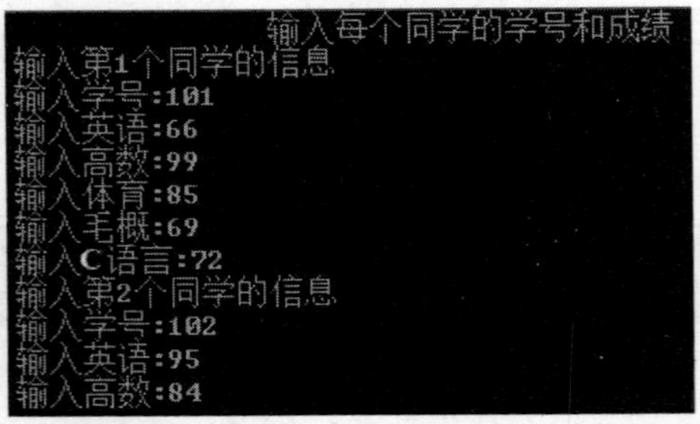

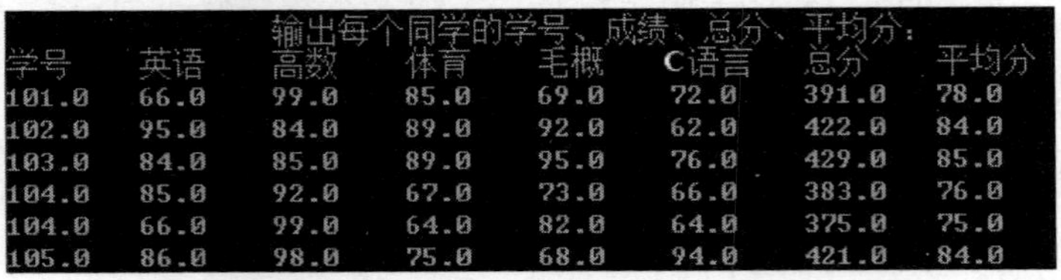

图 2-6-9　程序 Exp6-9.c 运行结果

（2）求解的程序如下：

```
1.   #include<stdio.h>
2.   int main() {
3.       double score[6][9];
4.       char name[9][20] = {"学号", "英语", "高数", "体育", "毛概", "C 语言", "大物", "总分", "平均分"};
5.       int i, j, s;
6.       printf("\t\t 输入每个同学的学号和成绩\n");
7.       for (i = 0; i <= 5; i++) {
8.           printf(" 输入第%d 个同学的信息\n", i + 1);
9.           for (j = 0; j <= 6; j++) {
10.              printf(" 输入%s:", name[j]);
11.              scanf("%lf", &score[i][j]);
12.          }
13.      }
14.      for (i = 0; i <= 5; i++) {
15.          s = 0;
16.          for (j = 1; j <= 6; j++)
17.              s = s + score[i][j];
18.          score[i][7] = s;
19.          score[i][8] = s / 6;
20.      }
21.      printf("\t\t 输出每个同学的学号、成绩、总分、平均分: \n");
22.      for (j = 0; j <= 8; j++)
23.          printf("%-8s", name[j]);
24.      printf("\n");
25.      for (i = 0; i <= 5; i++) {
26.          for (j = 0; j <= 8; j++)
27.              printf("%-8.1lf", score[i][j]);
28.          printf("\n");
29.      }
```

```
30.        return 0;
31.    }
```

题 10.

（1）运行程序 Exp6-10.c，输入 ABC abcd 12345$BOY 789，程序运行结果统计错误。

（2）将程序第 12 行修改为 if (('A' <= s[i]&& s[i]<= 'Z'))，将程序第 16 行修改为 else if ((s[i] >= '0') && (s[i] <= '9'))，

（3）修改程序后的运行结果如图 2-6-10 所示。

图 2-6-10   程序 Exp6-10.c 运行结果

题 11.

（1）运行程序 Exp6-11.c，运行结果如图 2-6-11 所示。

图 2-6-11   程序 Exp6-11.c 运行结果

（2）修改程序，将第 5 行修改为 scanf("%s", str);，将第 7 行修改为 scanf("%s", substr);，如果输入的 str 字符串 ThisisaCProgram.中没有空格，那么结果是正确的；如果字符串中间出现空格，结果将发生错误。

题 12.

运行程序 Exp6-12.c，运行结果如图 2-6-12 所示。

图 2-6-12   程序 Exp6-12.c 运行结果

题 13.

阅读程序，编译运行程序 Exp6-13.c，运行结果为 3。

题 14.

阅读程序，编译运行程序 Exp6-14.c，运行结果为 19。

题 15.

完善程序如下,运行结果如图 2-6-13 所示。

● 第 5 行为:

```
float sum = 0;
```

● 第 18 行为:

```
sum = sum / c;
```

```
Please enter some data (end with 0): 39 -47 21 2 -8 15 0
19.250000
```

图 2-6-13 程序 Exp6-15.c 运行结果

题 16.

完善程序如下,运行结果如图 2-6-14 所示。

● 第 8 行为:

```
for (i = 0; s[i] != '\0'; i++)
```

● 第 10 行为:

```
n = 0;
```

● 第 15 行为:

```
s[j + 1] = c;
```

```
The string: baacda

Input a character: a

The result is: baaaacdaa
```

图 2-6-14 程序 Exp6-16.c 运行结果

实验 7　函数程序设计

题 1.

```
/***********Error***********/
int sum(int a,int b)
```

运行结果如图 2-7-1 所示。

图 2-7-1　程序 Exp7-1.c 运行结果

错误原因：函数类型与返回值类型不符。

题 2.

```
/***********Error***********/
void inverse(char str[])
/***********Error***********/
str[i]=str[j-1];
```

运行结果如图 2-7-2 所示。

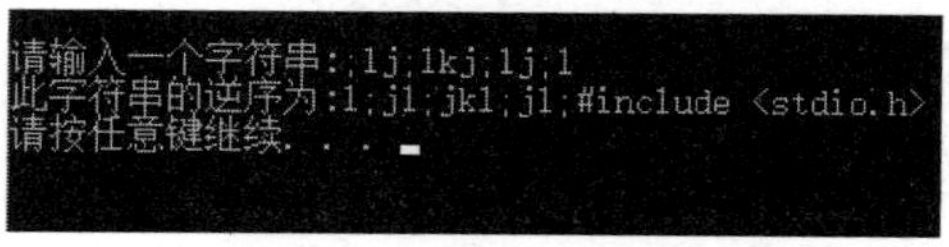

图 2-7-2　程序 Exp7-2.c 运行结果

错误原因：

（1）函数类型与返回值类型不符。

（2）str[i]=str[j-1]。

题 3.

```
/**********Error*********/
int comp(int x,int y)
/**********Error*********/
else if(x==y) flag=0;
```

运行结果如图 2-7-3 所示。

错误原因：

（1）函数参数未标注类型。

（2）错把=当成==。

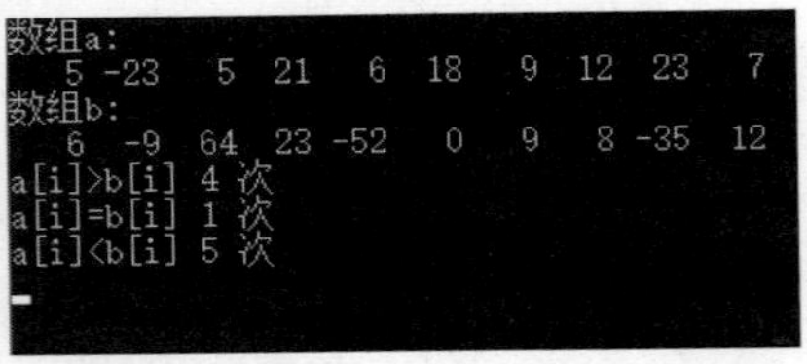

图 2-7-3　程序 Exp7-3.c 运行结果

题 4.

```
/**********Error**********/
b[j]+=a[j] [i];
/**********Error**********/
b[i]/=3;
```

运行结果如图 2-7-4 所示。

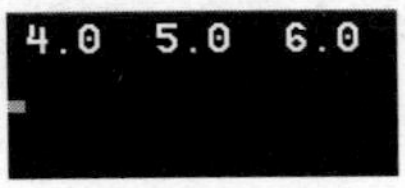

图 2-7-4　程序 Exp7-4.c 运行结果

错误原因：

（1）i 变化而 j 未变，应改为 b[j]+=a[j] [i];。

（2）b[i]/=3;。

题 5.

```
/**********Error**********/
void change(char s[])
/**********Error**********/
for(i=0;s[i]!='\0';i++)
```

运行结果如图 2-7-5 所示。

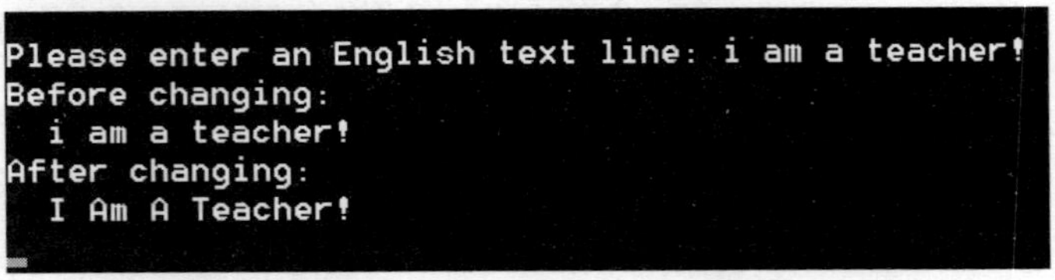

图 2-7-5　程序 Exp7-5.c 运行结果

错误原因：

（1）s 应定义为字符数组。

（2）s[i]不等于字符串结束标志'\0'。

题 6.

完善后的程序如下：

```
/***********Fill in the blanks***********/
double sum(int m)
```

```
/************Fill in the blanks************/
y=0;
/************Fill in the blanks************/
return(y);
```

运行结果如图 2-7-6 所示。

The result is: 0.000160

图 2-7-6　程序 Exp7-6.c 运行结果

题 7.

完善后的程序如下：

```
/************Fill in the blanks************/
void swap(int a[], int n)
/************Fill in the blanks************/
for(k=0;k<n;k++)
/************Fill in the blanks************/
a[0]= a[m] ;
```

运行结果如图 2-7-7 所示。

```
交换前:   0   5  12  10  23   6   9   7  10   8
交换后:  23   5  12  10   0   6   9   7  10   8
请按任意键继续. . .
```

图 2-7-7　程序 Exp7-7.c 运行结果

题 8.

完善后的程序如下：

```
/************Fill in the blanks************/
double sum(int n)
/************Fill in the blanks************/
s=0 ;
/************Fill in the blanks************/
a=b+c;
```

运行结果如图 2-7-8 所示。

```
The value of function sum is: 8.391667
请按任意键继续. . .
```

图 2-7-8　程序 Exp7-8.c 运行结果

题 9.

完善后的程序如下：

```
/************Fill in the blanks************/
```

```
for( i=0;i<=n;i++)
/***********Fill in the blanks***********/
sum=sum+p;
/***********Fill in the blanks***********/
scanf("%d",&n);
```

运行结果如图 2-7-9 所示。

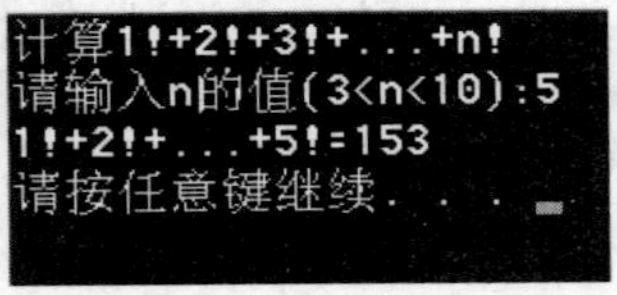

图 2-7-9　程序 Exp7-9.c 运行结果

题 10.

完善后的程序如下：

```
{
int c;
if(a>b)
  c=a;
else
  c=b;
return c;
}
```

运行结果如图 2-7-10 所示。

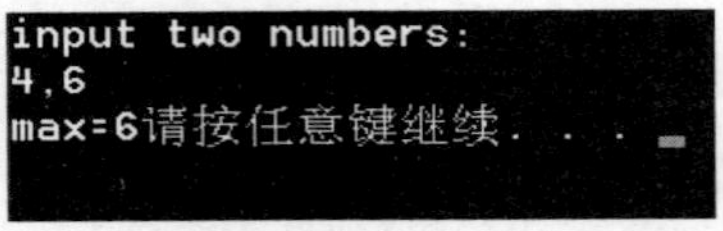

图 2-7-10　程序 Exp7-10.c 运行结果

题 11.

完善后的程序如下：

```
/***********Fill in the blanks***********/
for(j=0;j<4;j++)
if(array[i][j]<min)
/***********Fill in the blanks***********/
min=array[i][j];
/***********Fill in the blanks***********/
return(min);
```

运行结果如图 2-7-11 所示。

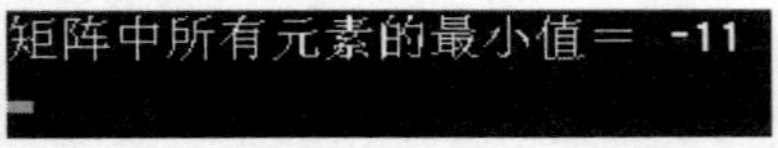

图 2-7-11　程序 Exp7-11.c 运行结果

题 12.

完善后的程序如下：

```
/************Fill in the blanks************/
for(i=1;i<n;i++)
/************Fill in the blanks************/
aver=sum/n;
/************Fill in the blanks************/
return (aver);
```

运行结果如图 2-7-12 所示。

班级A学生考试成绩的平均值=　80.40
班级A学生考试成绩的平均值=　78.20

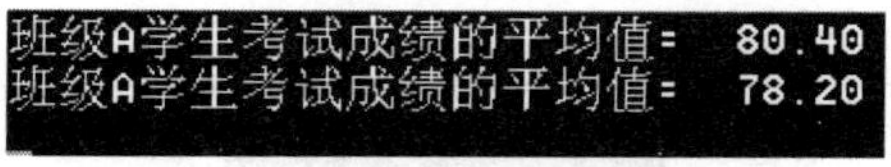

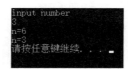

图 2-7-12　程序 Exp7-12.c 运行结果

题 13.

程序运行结果如图 2-7-13 所示。

input number
3
n=6
n=3
请按任意键继续. . .

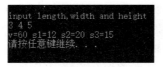

图 2-7-13　程序 Exp7-13.c 运行结果

功能：输入一个整数，输出该整数的阶乘和该整数的值。

题 14.

程序运行结果如图 2-7-14 所示。

input length,width and height
3 4 5
v=60 s1=12 s2=20 s3=15
请按任意键继续. . .

图 2-7-14　程序 Exp7-14.c 运行结果

功能：输入正方体的长宽高 l,w,h。求体积及三个面 x*y、x*z、y*z 的面积。

题 15.

程序运行结果如图 2-7-15 所示。

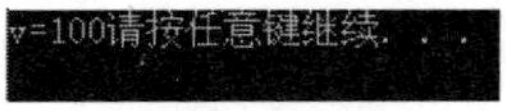

v=100请按任意键继续. . .

图 2-7-15　程序 Exp7-15.c 运行结果

功能：利用全局变量和局部变量求立方体的值。

题 16.

程序运行结果如图 2-7-16 所示。

图 2-7-16　程序 Exp7-16.c 运行结果

功能：求 2×4×8 的值。

题 17.

程序运行结果如图 2-7-17 所示。

图 2-7-17　程序 Exp7-17.c 运行结果

功能：宏定义的功能是替换，求 80+40*20 的值。

题 18.

程序运行结果如图 2-7-18 所示。

图 2-7-18　程序 Exp7-18.c 运行结果

功能：宏定义的功能是替换，求(int)(3.84+3*2)的值。

题 19.

（1）功能比较：

● 数组元素作为函数参数，形参和实参并不共用空间，实参向形参传递是单向值传递，形参的改变并不改变实参。

● 数组名作为函数参数，实参向形参传递的是单向的地址，实参数组和形参数组共用一个内存空间，形参数组改变，实参数组也会改变。

（2）程序 Exp7-19-1.c 运行结果如图 2-7-19（a）所示，程序 Exp7-19-2.c 运行结果如图 2-7-9（b）所示。

（a）

（b）

图 2-7-19　程序运行结果

题 20.

程序运行结果如图 2-7-20 所示。

图 2-7-20　程序 Exp7-20.c 运行结果

功能：宏定义的功能是替换，求 z=10*MIN(x,y)的值。

题 21.

程序 Exp7-21.c 运行结果如图 2-7-21 所示。

图 2-7-21　程序 Exp7-21.c 运行结果

功能：变量 x 在无参函数的用户自定义函数、有参函数的用户自定义函数和主函数中，输出结果不同。

题 22.

程序运行结果如图 2-7-22 所示。

图 2-7-22　程序 Exp7-22.c 运行结果

功能：测试函数中定义的局部变量与函数外定义的全局变量的应用范围之间的不同。

题 23.

程序运行结果如图 2-7-23 所示。

图 2-7-23　程序 Exp7-23.c 运行结果

功能：测试主函数中定义的局部变量与用户自定义函数定义的局部变量的应用范围之间的不同。

题 24.

程序运行结果如图 2-7-24 所示。

图 2-7-24　程序 Exp7-24.c 运行结果

功能：测试函数中局部变量每次运行时重新赋值。

题 25.

参考程序：

```
1.    #include<stdio.h>
2.    int main()
3.    {
4.        double fun(double x);
5.        double a,b;
6.        scanf("%lf",&a);
7.        b=fun(a);
8.        printf("%f",b);
9.        printf("\n");
10.       return 0;
11.   }
12.   double fun(double a)
13.   {
14.       double result;
15.       if(a>1)
16.       {
17.           result = a*a+1;
18.       }
19.       else if(a>=-1 &0& a<=1)
20.       {
21.           result = a*a;
22.       }
23.       else
24.       {
25.           result = a*a-1;
26.       }
27.       return result;
28.   }
```

程序运行结果如图 2-7-25 所示。

图 2-7-25   题 25 运行结果

题 26.

参考程序：

```
1.    #include<stdio.h>
2.    int main()
3.    {
4.    int sushu(int x);
```

```
5.    int a,b;
6.    printf("Please input a:");
7.    scanf("%d",&a);
8.    b = sushu(a);
9.    if(b==1)
10.   printf("%d 不是一个素数",a);
11.   else
12.   printf("%d 是一个素数",a);
13.   printf("\n");
14.   return 0;
15.   }
16.   int sushu(int a)
17.   {
18.   int i;
19.   for(i=2;i<=a/2;i++)
20.   {
21.   if(a%i == 0)
22.   break;
23.   }
24.   if(i<a/2)
25.   return 1;
26.   }
```

程序运行结果如图 2-7-26 所示。

图 2-7-26　题 26 运行结果

题 27.

参考程序：

```
1.    #include<stdio.h>
2.    #include<math.h>
3.    void greater_than_zero(float a,float b,float c)
4.    {
5.    float x1,x2;
6.    x1 = ((-b)+sqrt(b*b-4*a*c))/2*a;
7.    x2 = ((-b)-sqrt(b*b-4*a*c))/2*a;
8.    printf("x1=%f x2=%f",x1,x2);
9.    }
10.   void equal_to_zero(float a,float b,float c)
11.   {
12.   float x1,x2;
13.   x1 = ((-b)+sqrt(b*b-4*a*c))/2*a;
14.   x2 = ((-b)-sqrt(b*b-4*a*c))/2*a;
15.   printf("x1=x2=%f",x1,x2);
```

```
16.    }
17.    void less_than_zero(float a,float b,float c)
18.    {
19.    printf("无");
20.    }
21.    void a_is_zero(float b,float c)
22.    {
23.    float x;
24.    x = (-c)/b;
25.    printf("%f",x);
26.    }
27.    int main()
28.    {
29.    float a,b,c;
30.    scanf("%f %f %f",&a,&b,&c);
31.    if(a>-1e-6 && a<1e-6)
32.    {
33.    a_is_zero(b,c);
34.    }
35.    else
36.    {
37.    if(b*b-4*a*c>0)
38.    {
39.    greater_than_zero(a,b,c);
40.    }
41.    else if(b*b-4*a*c==0)
42.    {
43.    equal_to_zero(a,b,c);
44.    }
45.    else
46.    {
47.    less_than_zero(a,b,c);
48.    }
49.    }
50.    printf("\n");
51.    return 0;
52.    }
```

程序运行结果如图 2-7-27 所示。

图 2-7-27　题 27 运行结果

题 28.

参考程序：

```
1.     #include<stdio.h>
2.     int main()
3.     {
4.          int fun(int x);
5.          int a,b;
6.          printf("Please input a:");
7.          scanf("%d",&a);
8.          b=fun(a);
9.          printf("%d",b);
10.         printf("\n");
11.         return 0;
12.    }
13.    int fun(int x)
14.    {
15.         int y;
16.         if(x>=1)
17.         {
18.              y=fun(x-1)+x;
19.         }
20.         else
21.              y=0;
22.         return y;
23.    }
```

程序运行结果如图 2-7-28 所示。

图 2-7-28　题 28 运行结果

题 29.

参考程序：

```
1.     #include<stdio.h>
2.     int main()
3.     {
4.          int fun(int x);
5.          int a,b;
6.          printf("Please input a:");
7.          scanf("%d",&a);
8.          b=fun(a);
9.          printf("%d",b);
10.         printf("\n");
11.         return 0;
12.    }
13.    int fun(int x)
14.    {
```

```
15.        int y;
16.        if(x>2)
17.        {
18.            y=fun(x-1)+fun(x-2);
19.        }
20.        else if(x=2)
21.        {
22.            y=1;
23.        }
24.        else
25.            y=1;
26.        return y;
27.    }
```

程序运行结果如图 2-7-29 所示。

图 2-7-29　题 29 运行结果

题 30.

参考程序：

```
1.    #include<stdio.h>
2.    #include<math.h>
3.    int func(int num)
4.    {int s=0;
5.     num=abs(num);
6.     do
7.     {s+=num%10;
8.      num/=10;
9.     }while(num);
10.    return s;
11.    }
12.   int main( )
13.   {int n;
14.    printf("输入一个整数:");
15.    scanf("%d",&n);
16.    printf("结果:%d",func(n));
17.    return 0;
18.   }
```

程序运行结果如图 2-7-30 所示。

图 2-7-30　题 30 运行结果

题 31.

参考程序：

```
1.    #include<stdio.h>
2.    int main()
3.    {int i=5;
4.      void palin(int n);
5.      printf("\40:");
6.      palin(i);
7.      printf("\n");
8.      return 0;}
9.    void palin(int n)
10.   {char next;
11.   if(n<=1)
12.     {next=getchar();
13.      printf("\n\0:");
14.      putchar(next); }
15.   else
16.     {next=getchar();
17.      palin(n-1);
18.      putchar(next); }
19.   }
```

程序运行结果如图 2-7-31 所示。

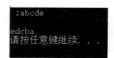

图 2-7-31 题 31 运行结果

题 32.

参考程序：

```
1.    #include<stdio.h>
2.    int maxyueshu(int m,int n)
3.    {    int i=1,t;
4.    for(;i<=m&&i<=n;i++)
5.    {if(m%i==0&&n%i==0)
6.        t=i;
7.    }
8.    return(t);
9.    }
10.   int minbeishu(int m,int n)
11.   {int j;
12.   if(m>=n) j=m;
13.   else j=n;
14.   for(;!(j%m==0&&j%n==0);j++);
15.   return j;
```

```
16.    }
17.    int main()
18.    {int a,b,max,min;
19.      printf("enter two number is: ");
20.      scanf("%d,%d",&a,&b);
21.      max=maxyueshu(a,b);
22.      min=minbeishu(a,b);
23.      printf("max=%d,min=%d\n",max,min);
24.      return 0;
25.    }
```

程序运行结果如图 2-7-32 所示。

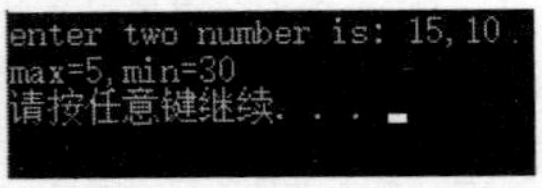

图 2-7-32　题 32 运行结果

题 33.

参考程序：

```
1.     #include<stdio.h>
2.     int even(int n){
3.     if(n%2==0)return 1;
4.     else return 0;
5.     }
6.     int main()
7.     {
8.         int n, s = 0;
9.         scanf("%d", &n);
10.        while (n != 0) {
11.
12.            if (even(n) == 0) {
13.                s += n;
14.            }
15.            scanf("%d", &n);
16.        }
17.        printf("%d\n", s);
18.        return 0;
19.    }
```

程序运行结果如图 2-7-33 所示。

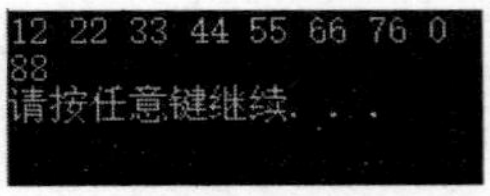

图 2-7-33　题 33 运行结果

题 34.

参考程序：

```
1.    #include<stdio.h>
2.    double fact(int n){
3.    if(n==0) return 1;
4.    else return n*fact(n-1);
5.    }
6.    int main()
7.    {    int i,n;
8.        scanf("%d",&n);
9.        for(i=1;i<n+1;i++)
10.       printf("%d!=%.0lf\n",i,fact(i));
11.       return 0;
12.   }
```

程序运行结果如图 2-7-34 所示。

图 2-7-34 题 34 运行结果

题 35.

参考程序：

```
1.    #include<stdio.h>
2.    double fact(int n){
3.    if(n==0) return 1;
4.    else return n*fact(n-1);
5.    }
6.    int main()
7.    {    int m,n,t;
8.        scanf("%d%d",&m,&n);
9.        t=fact(n)/fact(n-m)*fact(m);
10.       printf("%d\n",t);
11.       return 0;
12.   }
```

程序运行结果如图 2-7-35 所示。

图 2-7-35 题 35 运行结果

实验8 指 针

题 1.

（1）程序错误提示如图 2-8-1 所示。

行	列	单元	信息
11	11	C:\Users\smalls1002\Desktop\专业...	[错误] 非法的转换：从 'int' 到 'int*' [-fpermissive]

图 2-8-1　程序运行错误提示

将 Exchange(*p1, *p2); 改为 Exchange(p1, p2);。

产生的原因：用户自定义函数引用时，*p1 和*p2 表示 p1 和 p2 指针所指向的地址单元的值，即变量 a 和 b 的值。

（2）编译程序，通过键盘输入"a=21, b=45"，程序 Exp8-1.c 运行结果如图 2-8-2 所示。

```
Input a and b:a=21,b=45
        *p1=21,*p2=45
After exchange a=45,b=21
After exchange*p1=45,*p2=21
```

图 2-8-2　程序 Exp8-1.c 运行结果

题 2.

（1）程序 Exp8-2.c 运行结果如图 2-8-3（a）所示。

（2）将程序第 5 行中的 p+=2 修改为 p+=3，运行结果如图 2-8-3（b）所示。

（a）　　　　　　　　　　　　　　　　　　　（b）

图 2-8-3　程序 Exp8-2.c 运行结果

（3）将程序修改为：

```
1.    #include<stdio.h>
2.    int main() {
3.       static char x[] = "computer";
4.       char *p;
5.       for (p = x; p < x + 8; p += 1)
6.          putchar(*p);
7.       printf("\n");
8.       return 0;
9.    }
```

题 3.

（1）编译并运行程序，用键盘输入"54 45 78"，程序 Exp8-3.c 运行结果如图 2-8-4 所示。

```
input three integer n1, n2, n3:54 45 78
Now, the order is:45, 54, 78
```

图 2-8-4　程序 Exp8-3.c 运行结果

（2）修改 Exp8-3.c 中的部分代码，运行修改后的程序，用键盘输入"54 45 78"，运行结果如图 2-8-5 所示。

```
input three integer n1, n2, n3:54 45 78
Now, the order is:54, 45, 78
```

图 2-8-5　修改后的程序 Exp8-3.c 运行结果（1）

原因：用户自定函数中变量值的互换，对主函数中变量的值没有影响。

（3）修改程序后，用键盘输入"54 45 78"，程序 Exp8-3.c 运行结果如图 2-8-6 所示。

```
input three integer n1, n2, n3:54 45 78
Now, the order is:54, 45, 78
```

图 2-8-6　修改后的程序 Exp8-3.c 运行结果（2）

原因：用户自定函数只完成了地址的交换，变量值没有互换。

题 4.

程序 Exp8-4.c 的源程序如下：

```
1.    #include<stdio.h>
2.    #include<string.h>
3.    int main() {
4.        void swap(char *, char *);
5.        char str1[20], str2[20], str3[20];
6.        printf("input three line:\n");
7.        gets(str1);
8.        gets(str2);
9.        gets(str3);
10.       if (strcmp(str1, str2) > 0)
11.           swap(str1, str2);
12.       if (strcmp(str1, str3) > 0)
13.           swap(str1, str3);
14.       if (strcmp(str2, str3) > 0)
15.           swap(str2, str3);
16.       printf("Now, the order is:\n");
17.       printf("%s\n%s\n%s\n", str1, str2, str3);
18.       return 0;
19.   }
20.   void swap(char *p1, char *p2) {
```

```
21.      char p[20];
22.      strcpy(p, p1);
23.      strcpy(p1, p2);
24.      strcpy(p2, p);
25.    }
```

程序 Exp8-4.c 运行结果如图 2-8-7 所示。

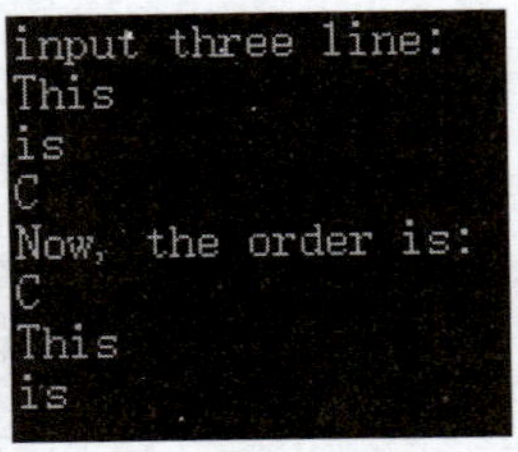

图 2-8-7　程序 Exp8-4.c 运行结果

题 5.

程序 Exp8-5.c 的源程序如下：

```
1.    #include<stdio.h>
2.    int main() {
3.      void input(int *);
4.      void max_min_value(int *);
5.      void output(int *);
6.      int number[10];
7.      input(number);          //调用输入 10 个数的函数
8.      max_min_value(number);       //调用交换函数
9.      output(number);       //调用输出函数
10.     return 0;
11.   }
12.   void input(int *number) {        //输入 10 个数的函数
13.     int i;
14.     printf("input 10 numbers:\n");
15.     for (i = 0; i < 10; i++)
16.       scanf("%d", &number[i]);
17.   }
18.   void max_min_value(int *number) {   //交换函数
19.     int *max, *min, *p, temp;
20.     max = min = number;      //开始时使 max 和 min 都指向第 1 个数
21.     for (p = number + 1; p < number + 10; p++)
22.       if (*p > *max)
23.         max = p;   //若 p 指向的数大于 max 指向的数，就使 max 指向 p 指向的大数
24.       else if (*p < *min)
25.         min = p;   //若 p 指向的数小于 min 指向的数，就使 min 指向 p 指向的小数
26.     temp = number[0];
27.     number[0] = *min;
28.     *min = temp;        //将最小数与第 1 个数 number[0]交换
```

```
29.        if (max == number)
30.            max = min;
31.    //如果 max 和 number 相等，表示第 1 个数是最大数，则使 max 指向当前的最大数
32.        temp = number[9];
33.        number[9] = *max;
34.        *max = temp;        //将最大数与最后一个数交换
35.    }
36.    void output(int *number) { //输出函数
37.        int *p;
38.        printf("Now,they are:");
39.        for (p = number; p < number + 10; p++)
40.            printf("%d\t", *p);
41.        printf("\n");
42.    }
```

程序 Exp8-5.c 运行结果如图 2-8-8 所示。

```
input 10 numbers:
5 4 9 8 2 1 6 3 10 7
Now,they are:1  4        9       8       2       5       6       3       7       10
```

图 2-8-8 程序 Exp8-5.c 运行结果

注意：**if** (max == number)   max = min; 语句的作用。

题 6.

程序 Exp8-6.c 的源程序如下：

```
1.     #include<stdio.h>
2.     void sort(double *p) {
3.         double t;
4.         int i, j;
5.         double *head = p;
6.         for (j = 0; j <= 4; j++) {
7.             p = head;
8.             for (i = 0; i <= 4; i++) {
9.                 if ((*p) > (*(p + 1))) {
10.                    t = *p;
11.                    *p = *(p + 1);
12.                    *(p + 1) = t;
13.                }
14.                p++;
15.            }
16.        }
17.    }
18.    int main() {
19.        double a[6];
20.        int i;
21.        printf("输入 6 个同学的身高：\n");
```

```
22.     for (i = 0; i <= 5; i++)
23.        scanf("%lf", &a[i]);
24.     sort(a);
25.     for (i = 0; i <= 5; i++)
26.        printf("%lf    ", a[i]);
27.     return 0;
28.  }
```

程序 Exp8-6.c 运行结果如图 2-8-9 所示。

图 2-8-9　程序 Exp8-6.c 运行结果

题 7.

程序 Exp8-7.c 的源程序如下：

```
1.      #include<stdio.h>
2.      int main() {
3.         void avsco(float *, float *);
4.         void avcour1(char(*)[10], float *);//函数声明
5.         void fali2(char course[5][10], int num[], float * pscore, float aver[4]); //函数声明
6.         void good(char course[5][10], int num[4], float * pscore, float aver[4]); //函数声明
7.         int i, j, *pnum, num[4];
8.         float score[4][5], aver[4], *pscore, *paver;
9.         char course[5][10], (*pcourse)[10];
10.        printf("input course:\n");
11.        pcourse = course;
12.        for (i = 0; i < 5; i++)
13.           scanf("%s", course[i]);
14.        printf("input NO.and scores:\n");
15.        printf("NO.");
16.        for (i = 0; i < 5; i++)
17.           printf(",%s", course[i]);
18.        printf("\n");
19.        pscore = &score[0][0];
20.        pnum = &num[0];
21.        for (i = 0; i < 4; i++) {
22.           scanf("%d", pnum + i);
23.           for (j = 0; j < 5; j++)
24.              scanf("%f", pscore + 5 * i + j);
25.        return 0;
26.        }
27.        paver = &aver[0];
28.        printf("\n\n");
29.        avsco(pscore, paver);     //求出每个学生的平均成绩
30.        avcour1(pcourse, pscore);   // 求出第 1 门课程的平均成绩
```

```
31.        printf("\n\n");
32.        fali2(pcourse, pnum, pscore, paver);    // 找出两门以上成绩不及格的学生
33.        printf("\n\n");
34.        good(pcourse, pnum, pscore, paver);    //找出成绩好的学生
35.        return 0;
36.    }
37.    //求每个学生的平均成绩的函数
38.    void avsco(float *pscore, float *paver) {
39.        int i, j;
40.        float sum, average;
41.        for (i = 0; i < 4; i++) {
42.            sum = 0.0;
43.            for (j = 0; j < 5; j++)
44.                sum = sum + ( *(pscore + 5 * i + j));   //累计每个学生的各科成绩
45.            average = sum / 5;   // 计算平均成绩
46.            *(paver + i) = average;
47.        }
48.    }
49.    //求第 1 门课程的平均成绩的函数
50.    void avcour1(char(*pcourse)[10], float *pscore) {
51.        int i;
52.        float sum, average1;
53.        sum = 0.0;
54.        for (i = 0; i < 4; i++)
55.            sum = sum + ( *(pscore + 5 * i)); //累计每个学生的得分
56.        average1 = sum / 4; //计算平均成绩
57.        printf("course 1:  %s average score:%7.2f\n", *pcourse, average1);
58.    }
59.    //找两门以上成绩不及格的学生的函数
60.    void fali2(char course[5][10], int num[], float *pscore, float aver[4]) {
61.        int i, j, k, label;
62.        printf(" == == == == == Student who is fail in two courses == == == == \n");
63.        printf("NO.");
64.        for (i = 0; i < 5; i++)
65.            printf("%11s", course[i]);
66.        printf("  average\n");
67.        for (i = 0; i < 4; i++) {
68.            label = 0;
69.            for (j = 0; j < 5; j++)
70.                if ( *(pscore + 5 * i + j) < 60.0)
71.                    label++;
72.            if (label >= 2) {
73.                printf("%d", num[i]);
74.                for (k = 0; k < 5; k++)
75.                    printf("%11.2f", *(pscore + 5 * i + k));
76.                printf("%11.2f\n", aver[i]);
```

```
            }
        }
    }
    //找成绩优秀学生（各门 85 分以上或平均 90 分以上）的函数
    void good(char course[5][10], int num[4], float *pscore, float aver[4]) {
        int i, j, k, n;
        printf(" == == == Students whose score is good == == == \n");
        printf("NO.");
        for (i = 0; i < 5; i++)
            printf("%11s", course[i]);
        printf("  average\n");
        for (i = 0; i < 4; i++) {
            n = 0;
            for (j = 0; j < 5; j++)
                if ( *(pscore + 5 * i + j) > 85.0)
                    n++;
            if ((n == 5) || (aver[i] >= 90)) {
                printf("%d", num[i]);
                for (k = 0; k < 5; k++)
                    printf("%11.2", *(pscore + 5 * i + k));
                printf("%11.2f\n", aver[i]);
            }
        }
    }
```

程序 Exp8-7.c 运行结果如图 2-8-10 所示。

```
input course:
English
Computer
Math
Physics
Chemistry
input NO.and scores:
NO.,English,Computer,Math,Physics,Chemistry
101 34 56 88 99 89
102 27 88 99 67 78
103 99 90 87 86 89
104 78 89 99 56 77


course 1: English average score:  59.50


 == == == == Student who is fail in two courses == == ==
NO.     English   Computer       Math     Physics  Chemistry   average
101       34.00      56.00      88.00       99.00      89.00      73.20


 == == == Students whose score is good == == ==
NO.     English   Computer       Math     Physics  Chemistry   average
103       90.20
```

图 2-8-10 程序 Exp8-7.c 运行结果

题 8.

（1）修改程序。

- 第 6 行语句修改为：

void proc(char *str, char *t1, char *t2, char *w) {

- 第 13 行语句修改为：

while (*r)

- 第 21 行语句修改为：

*w = *r;　w++;　r++;

（2）程序 Exp8-8.c 的运行结果如图 2-8-11 所示。

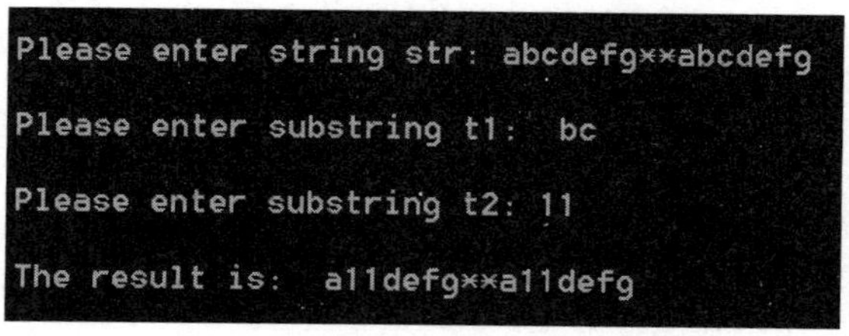

```
Please enter string str: abcdefg**abcdefg

Please enter substring t1:  bc

Please enter substring t2: 11

The result is:  a11defg**a11defg
```

图 2-8-11　程序 Exp8-8.c 运行结果

题 9.

（1）补充语句。

- 第 9 行填入语句为：

bb[i]=0;

- 第 23 行填入语句为：

bb[5]++;

- 第 25 行填入语句为：

p++;

（2）程序 Exp8-9.c 的运行结果如图 2-8-12 所示。

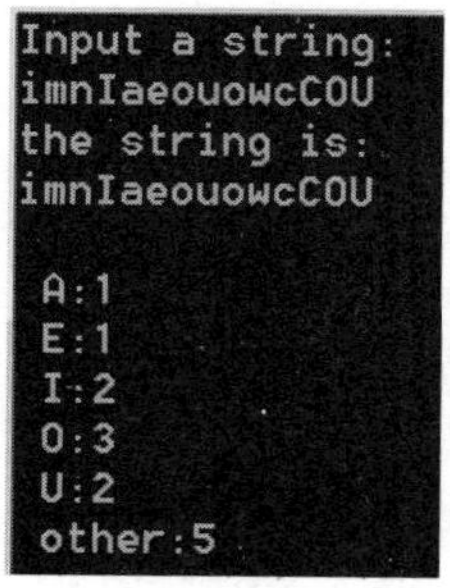

```
Input a string:
imnIaeouowcCOU
the string is:
imnIaeouowcCOU

A:1
E:1
I:2
O:3
U:2
other:5
```

图 2-8-12　程序 Exp8-9.c 运行结果

题 10.

（1）补充程序。

```
    char *q1, *q;
    for(q1=q=str; q<=p; q++)
```

```
    if(*q!='*')*q1++=*q;
  for(; *q1++=*q++;);
```

（2）程序 Exp8-10.c 的运行结果如图 2-8-13 所示。

图 2-8-13　程序 Exp8-10.c 运行结果

实验 9 用户自定义数据类型

题 1.

（1）将第 28 行代码修改为：

printf("%s 利润：%-7.2f\n", t[j].name, t[j].lr);

t[2]为结构体数组，对于结构体数组的引用应为 t[j].name 和 t[j].lr。

（2）程序 Exp9-1.c 的运行结果如图 2-9-1 所示。

图 2-9-1　程序 Exp9-1.c 运行结果

题 2.

（1）程序 Exp9-2.c 的运行结果如图 2-9-2 所示。

图 2-9-2　程序 Exp9-2.c 运行结果

（2）将代码中第 10 行语句修改为：

struct Books book;

typedef 的作用：重新定义数据类型。

题 3.

（1）用键盘输入 7，程序 Exp9-3.c 的运行结果如图 2-9-3（a）所示。

（2）删除第 7 行语句，程序 Exp9-3.c 的运行结果如图 2-9-3（b）所示。

（a）　　　　　　　　　　　　　　　　　　（b）

图 2-9-3　程序 Exp9-3.c 运行结果

题 4.

（1）程序 Exp9-4.c 的运行结果如图 2-9-4 所示。

图 2-9-4　程序 Exp9-4.c 运行结果

（2）结构体（structure）是一种构造类型，由若干"成员"组成。每一个成员可以是一个基本数据类型，也可以又是一个构造类型，而且每个成员的数据类型可以相同，也可以不相同。

共同体（union）是将几种不同的变量储存在同一内存单元中，也就是使用覆盖技术，几个变量互相覆盖，这种几个不同的变量共同占用一段内存的结构。

结构体和共同体的区别是所占用的内存大小不同。结构体所占用的内存是分量内存之和；共同体所占用的内存是等于最大的分量的内存。

结构体和共同体的相同点是都可以存储多种数据类型的变量。

题 5.

程序 Exp9-5.c 的源程序如下：

```
1.    #include<stdio.h>
2.    struct stu {
3.        int num;
4.        int mid;
5.        int end;
6.        int ave;
7.    } s[3];
8.    int main() {
9.        struct stu *p;
10.       printf(" 请输入学生的学号，以及计算机的期中成绩和期末成绩: \n");
11.       for (p = s; p < s + 3; p++) {
12.           scanf("%d%d%d", &(p->num), &(p->mid), &(p->end));
13.           p->ave = (p->mid + p->end) / 2;
14.       }
15.       printf("\n 以下为学生的学号，以及计算机的期中成绩、期末成绩和平均成绩: \n ");
16.       for (p = s; p < s + 3; p++)
17.           printf("%d  %d  %d  %d\n", p->num, p->mid, p->end, p->ave);
18.       return 0;
19.   }
```

程序 Exp9-5.c 的运行结果如图 2-9-5 所示。

```
请输入学生的学号，以及计算机的期中成绩和期末成绩:
101 85 58
102 78 87
103 89 78

以下为学生的学号，以及计算机的期中成绩、期末成绩和平均成绩:
101  85  58  71
102  78  87  82
103  89  78  83
```

图 2-9-5　程序 Exp9-5.c 运行结果

题 6.

编写程序 Exp9-6.c 的源程序有如下两种方法。

方法一：通过结构体变量输出学生信息。

```c
# include<stdio.h>
struct Stu {
    int num;
    char name[20];
    float score;
};
int main() {
    struct Stu st1, st2 = {102, "fang", 98.2};
    scanf("%d%f%s", &st1.num, &st1.score, st1.name);
    if (st1.score > st2.score)
        printf("%s(%d):%6.2fn", st1.name, st1.num, st1.score);
    else
        printf("%s(%d):%6.2fn", st2.name, st2.num, st2.score);
    return 0;
}
```

方法二：通过结构体指针变量输出学生信息。

```c
#include<stdio.h>
struct Stu {
    int num;
    char name[20];
    float score;
};
int main() {
    struct Stu st1, st2 = {102, "fang", 98.2}, *p1, *p2;
    p1 = &st1; //结构体指针 pl 指向变量
    p2 = &st2; //结构体指针 p2 指向变量 st2
    scanf("%d%f%s", &p1->num, &p1->score, &p1->name);
    if (p1->score > p2->score) //通过指针访问
        printf("%s(%d)：%6.2f", p1->name, st1.num, p1->score);
    else
        printf("%s(%d)：%6.2f", p2->name, st2.num, p2->score);
    return 0;
}
```

程序 Exp9-6.c 的运行结果如图 2-9-6 所示。

图 2-9-6　程序 Exp9-6.c 运行结果

题 7.

程序 Exp9-7.c 的源程序如下：

```
1.    #include<stdio.h>
2.    #define N 13
3.    struct person {
4.        int number;
5.        int nextp;
6.    } link[N + 1];
7.    int main() {
8.        int i, count, h;
9.        for (i = 1; i <= N; i++) {
10.           if (i == N)
11.               link[i].nextp = 1;
12.           else
13.               link[i].nextp = i + 1;
14.           link[i].number = i;
15.       }
16.       printf("\n");
17.       count = 0;
18.       h = N;
19.       printf("退出圈子的人序号：\n");
20.       while (count < N - 1) {
21.           i = 0;
22.           while (i != 3) {
23.               h = link[h].nextp;
24.               if (link[h].number)
25.                   i++;
26.           }
27.           printf("%4d", link[h].number);
28.           link[h].number = 0;
29.           count++;
30.       }
31.       printf("\n 最后留在圈子中的人序号：\n");
32.       for (i = 1; i <= N; i++)
33.           if (link[i].number)
34.               printf("%3d", link[i].number);
35.       printf("\n");
36.       return 0;
37.   }
```

程序 Exp9-7.c 的运行结果如图 2-9-7 所示。

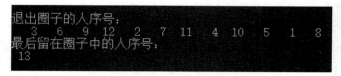

图 2-9-7　程序 Exp9-7.c 运行结果

题 8.

解析：fun(x+2)表示的是结构体数组中的第 3 个元素，即{03,zhao,l8}，而输出的是 name 元素，所以程序 Exp9-8.c 的运行结果如图 2-9-8 所示。

图 2-9-8　程序 Exp9-8.c 运行结果

题 9.

解析：在解答本题时应该考虑两个问题：结构体变量的长度及 sizeof()求字节数的运算符。结构体变量的长度是其内部成员总长度之和，本题中，struct date 中包含 year、month、day 三个整型变量。一个整型变量所占的字节数为 2，所以程序 Exp9-9.c 的运行结果如图 2-9-9 所示。

图 2-9-9　程序 Exp9-9.c 运行结果

题 10.

解析：f 函数的功能是对形参 a 的各个成员用结构体变量 b 的各个成员进行赋值后，然后返回变量 a，并将 a 值传递给 d，所以程序 Exp9-10.c 的运行结果如图 2-9-10 所示。

图 2-9-10　程序 Exp9-10.c 分析结果

题 11.

解析：本题考查的知识点是结构体数组。题目中定义了一个全局结构体数组 a，结构体中包含两个成员：一个 int 型变量 x 和一个自身类型指针 y。所以，结构体数组 a 的初始化列表中每两个初始化一个结构体元素。主函数通过一个 for 循环，连续调用了两次输出函数 printf()，每次输出 p 所指元素的 x 成员值。p 初始化时指向数组 a 的首地址，即 a[0]的位置，所以第 1 次输出的值为 20。然后又将 a[0]的成员 y 的值赋给 p，y 在初始化时是 a+1，所以 p 在第 2 次输出时指向的元素是 a[1]，故第 2 次输出的值为 15。程序 Exp9-11.c 的运行结果如图 2-9-11 所示。

图 2-9-11　程序 Exp9-11.c 运行结果

题 12.

（1）补充程序如下：

```
1.    STREC  fun( STREC  *a, char *b ) {
2.      int i;
3.      STREC t = {'\0', -1};
4.      for (i = 0; i < N; i++) {
5.        if (strcmp(a[i].num, b) == 0)                 t = a[i];
6.      }
7.      return t;
8.    }
```

（2）程序 Exp9-12.c 的运行结果如图 2-9-12 所示。

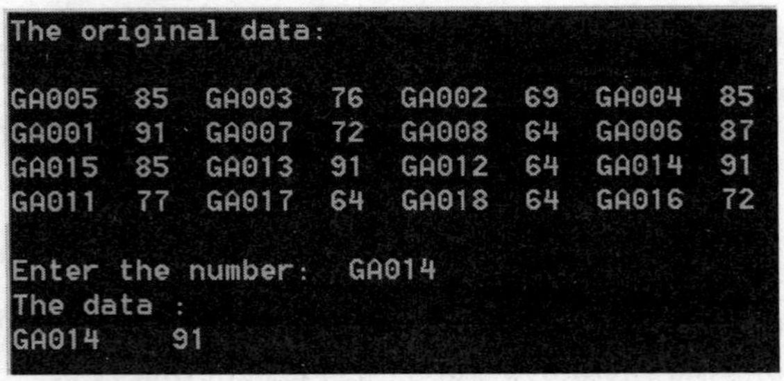

图 2-9-12　程序 Exp9-12.c 运行结果

实验 10 文　　件

题 1.

```
/************Error************/
int i,j;
/************Error************/
fp1=fopen("d:\\data1.txt","w");
/************Error************/
fputc('\n',fp1);
```

程序运行结果如图 2-10-1 所示。

图 2-10-1　程序 Exp10-1.c 运行结果

题 2.

```
/************Error************/
while(i<10)
{
/************Error************/
fprintf(fp3,"%d     ",b[i]);
```

程序运行结果如图 2-10-2 所示。

图 2-10-2　程序 Exp10-2.c 运行结果

题 3.

```
/************Error************/
for (int k=0 ; k<10 ; k++ )
/************Error************/
fwrite(&x[k],sizeof(int),1, fp2);
```

程序运行结果如图 2-10-3 所示。

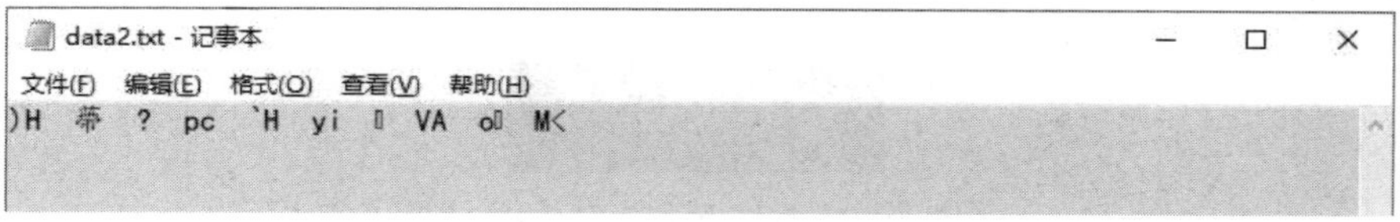

图 2-10-3　程序 Exp10-3.c 运行结果

题 4.

补充程序如下：

```
/************Fill in the blanks************/
if((fp=fopen(fname,"w"))==NULL)
/************Fill in the blanks************/
while((ch=getchar())!='!')
/************Fill in the blanks************/
{fputc(ch,fp);}
```

程序运行结果如图 2-10-4 所示。

图 2-10-4　程序 Exp10-4.c 运行结果

题 5.

补充程序如下：

```
/************Fill in the blanks************/
if(fwrite(&stud[i],sizeof(struct student_type),1,fp)!=1)
/************Fill in the blanks************/
scanf("%s,%d,%d",stud[i].name,&stud[i].num,&stud[i].age);
```

程序运行结果如图 2-10-5 所示。

图 2-10-5　程序 Exp10-5.c 运行结果

题 6.

程序运行结果如图 2-10-6 所示。

图 2-10-6　程序 Exp10-6.c 运行结果

功能：用变量 count 统计文件中字符的个数。

题 7.

程序运行结果如图 2-10-7 所示。

图 2-10-7　程序 Exp10-7.c 运行结果

功能：用键盘输入一行字符，写到文件 a.txt 中。

题 8.

程序运行结果如图 2-10-8 所示。

图 2-10-8　程序 Exp10-8.c 运行结果

功能：分别统计一个文本文件中的字母、数字个数。

题 9.

程序运行结果如图 2-10-9 所示。

图 2-10-9　程序 Exp10-9.c 运行结果

功能：比较两个文本文件内容是否相等，并输出两个文件中第一次不相同字符内容的行号及列值。

题 10.

程序运行结果如图 2-10-10 所示。

图 2-10-10　程序 Exp10-10.c 运行结果

功能：字母转换并统计换行数：读取一个指定的文本文档，显示在屏幕上，如果有大写字母，则改成小写字母并输出，并根据输出统计换行数。

题 11.

程序运行结果如图 2-10-11 所示。

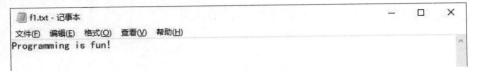

图 2-10-11　程序 Exp10-11.c 运行结果

功能：将短句“Programming is fun!”写入文件 f1.txt.。

题 12.

程序运行结果如图 2-10-12 所示。

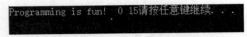

图 2-10-12　程序 Exp10-12.c 运行结果

功能：统计文本文件中字母和数字的个数。

题 13.

程序运行结果如图 2-10-13 所示。

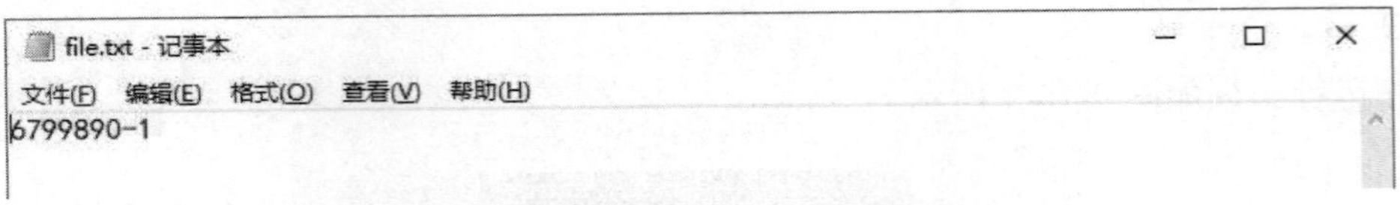

图 2-10-13　程序 Exp10-13.c 运行结果

功能：用键盘输入一系列实数（以特殊数值-1 结束)，分别写到一个文本文件中。

题 14.

程序运行结果如图 2-10-14 所示。

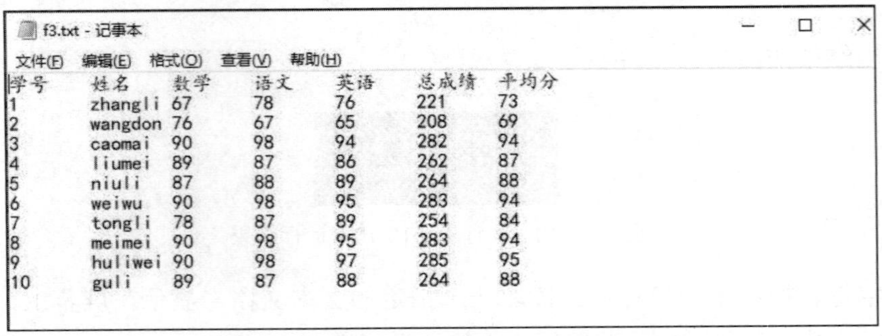
f3.txt - 记事本

文件(F) 编辑(E) 格式(O) 查看(V) 帮助(H)

学号	姓名	数学	语文	英语	总成绩	平均分
1	zhangli	67	78	76	221	73
2	wangdon	76	67	65	208	69
3	caomai	90	98	94	282	94
4	liumei	89	87	86	262	87
5	niuli	87	88	89	264	88
6	weiwu	90	98	95	283	94
7	tongli	78	87	89	254	84
8	meimei	90	98	95	283	94
9	huliwei	90	98	97	285	95
10	guli	89	87	88	264	88

图 2-10-14　程序 Exp10-14.c 运行结果

功能：统计成绩。用键盘输入 10 个学生的学号、姓名，以及数学、语文和英语成绩，写到文本文件 f3.txt 中，再从文件中取出数据，计算每个学生的总成绩和平均分，并将结果显示在屏幕上。

题 15.

程序运行结果如图 2-10-15 所示。

图 2-10-15 程序 Exp10-15.c 运行结果

功能：将文件中的数据求和并写入文本文件尾。文件 int data.txt 中存放了若干整数，将文件中所有数相加，并把累加和写入文件的最后。

题 16.

程序运行结果如图 2-10-16 所示。

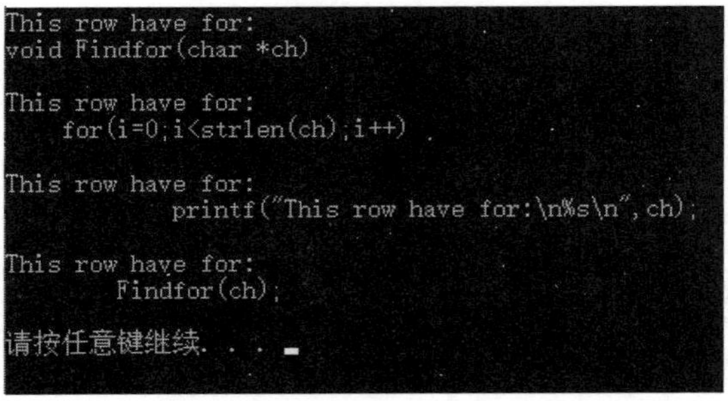

图 2-10-16 程序 Exp10-16.c 运行结果

功能：输出含 for 的行，将文本文件 test.txt 中所有包含字符串 for 行输出。

附　　录

一、ASCII 编码表

二进制	十进制	十六进制	字符/缩写	解释
00000000	0	00	NUL (NULL)	空字符
00000001	1	01	SOH (Start Of Headling)	标题开始
00000010	2	02	STX (Start Of Text)	正文开始
00000011	3	03	ETX (End Of Text)	正文结束
00000100	4	04	EOT (End Of Transmission)	传输结束
00000101	5	05	ENQ (Enquiry)	请求
00000110	6	06	ACK (Acknowledge)	回应/响应/收到通知
00000111	7	07	BEL (Bell)	响铃
00001000	8	08	BS (Backspace)	退格
00001001	9	09	HT (Horizontal Tab)	水平制表符
00001010	10	0A	LF/NL(Line Feed/New Line)	换行键
00001011	11	0B	VT (Vertical Tab)	垂直制表符
00001100	12	0C	FF/NP (Form Feed/New Page)	换页键
00001101	13	0D	CR (Carriage Return)	回车键
00001110	14	0E	SO (Shift Out)	不用切换
00001111	15	0F	SI (Shift In)	启用切换
00010000	16	10	DLE (Data Link Escape)	数据链路转义
00010001	17	11	DC1/XON (Device Control 1/Transmission On)	设备控制 1/传输开始
00010010	18	12	DC2 (Device Control 2)	设备控制 2
00010011	19	13	DC3/XOFF (Device Control 3/Transmission Off)	设备控制 3/传输中断
00010100	20	14	DC4 (Device Control 4)	设备控制 4
00010101	21	15	NAK (Negative Acknowledge)	无响应/非正常响应/拒绝接收
00010110	22	16	SYN (Synchronous Idle)	同步空闲
00010111	23	17	ETB (End of Transmission Block)	传输块结束/块传输终止
00011000	24	18	CAN (Cancel)	取消
00011001	25	19	EM (End of Medium)	已到介质末端/介质存储已满/介质中断

二进制	十进制	十六进制	字符/缩写	解释
00011010	26	1A	SUB (Substitute)	替补/替换
00011011	27	1B	ESC (Escape)	逃离/取消
00011100	28	1C	FS (File Separator)	文件分割符
00011101	29	1D	GS (Group Separator)	组分隔符/分组符
00011110	30	1E	RS (Record Separator)	记录分离符
00011111	31	1F	US (Unit Separator)	单元分隔符
00100000	32	20	(Space)	空格
00100001	33	21	!	!
00100010	34	22	"	"
00100011	35	23	#	#
00100100	36	24	$	$
00100101	37	25	%	%
00100110	38	26	&	&
00100111	39	27	'	'
00101000	40	28	(	(
00101001	41	29	)	)
00101010	42	2A	*	*
00101011	43	2B	+	+
00101100	44	2C	,	,
00101101	45	2D	-	-
00101110	46	2E	.	.
00101111	47	2F	/	/
00110000	48	30	0	0
00110001	49	31	1	1
00110010	50	32	2	2
00110011	51	33	3	3
00110100	52	34	4	4
00110101	53	35	5	5
00110110	54	36	6	6
00110111	55	37	7	7
00111000	56	38	8	8
00111001	57	39	9	9
00111010	58	3A	:	:
00111011	59	3B	;	;

二进制	十进制	十六进制	字符/缩写	解释
00111100	60	3C	<	<
00111101	61	3D	=	=
00111110	62	3E	>	>
00111111	63	3F	?	?
01000000	64	40	@	@
01000001	65	41	A	A
01000010	66	42	B	B
01000011	67	43	C	C
01000100	68	44	D	D
01000101	69	45	E	E
01000110	70	46	F	F
01000111	71	47	G	G
01001000	72	48	H	H
01001001	73	49	I	I
01001010	74	4A	J	J
01001011	75	4B	K	K
01001100	76	4C	L	L
01001101	77	4D	M	M
01001110	78	4E	N	N
01001111	79	4F	O	O
01010000	80	50	P	P
01010001	81	51	Q	Q
01010010	82	52	R	R
01010011	83	53	S	S
01010100	84	54	T	T
01010101	85	55	U	U
01010110	86	56	V	V
01010111	87	57	W	W
01011000	88	58	X	X
01011001	89	59	Y	Y
01011010	90	5A	Z	Z
01011011	91	5B	[	[
01011100	92	5C	\	\
01011101	93	5D	]	]

二进制	十进制	十六进制	字符/缩写	解释
01011110	94	5E	^	^
01011111	95	5F	_	_
01100000	96	60	`	`
01100001	97	61	a	a
01100010	98	62	b	b
01100011	99	63	c	c
01100100	100	64	d	d
01100101	101	65	e	e
01100110	102	66	f	f
01100111	103	67	g	g
01101000	104	68	h	h
01101001	105	69	i	i
01101010	106	6A	j	j
01101011	107	6B	k	k
01101100	108	6C	l	l
01101101	109	6D	m	m
01101110	110	6E	n	n
01101111	111	6F	o	o
01110000	112	70	p	p
01110001	113	71	q	q
01110010	114	72	r	r
01110011	115	73	s	s
01110100	116	74	t	t
01110101	117	75	u	u
01110110	118	76	v	v
01110111	119	77	w	w
01111000	120	78	x	x
01111001	121	79	y	y
01111010	122	7A	z	z
01111011	123	7B	{	{
01111100	124	7C	|	|
01111101	125	7D	}	}
01111110	126	7E	~	~
01111111	127	7F	DEL (Delete)	删除

二、运算符优先级及结合性一览表

优先级	运算符	名称或含义	使用形式	结合方向	说明
1	[]	数组下标	数组名[常量表达式]	左→右	
	()	圆括号	(表达式) 函数名(形参表)		
	.	成员选择（对象）	对象.成员名		
	->	成员选择（指针）	对象指针->成员名		
2	-	负号运算符	-表达式	右→左	单目运算符
	(类型)	强制类型转换	(数据类型)表达式		
	++	自增运算符	++变量名 变量名++		单目运算符
	--	自减运算符	--变量名 变量名--		单目运算符
	*	取值运算符	*指针变量		单目运算符
	&	取地址运算符	&变量名		单目运算符
	!	逻辑非运算符	!表达式		单目运算符
	~	按位取反运算符	~表达式		单目运算符
	sizeof	长度运算符	sizeof(表达式)		
3	/	除	表达式/表达式	左→右	双目运算符
	*	乘	表达式*表达式		双目运算符
	%	余数（取模）	整型表达式%整型表达式		双目运算符
4	+	加	表达式+表达式	左→右	双目运算符
	-	减	表达式-表达式		双目运算符
5	<<	左移	变量<<表达式	左→右	双目运算符
	>>	右移	变量>>表达式		双目运算符
6	>	大于	表达式>表达式	左→右	双目运算符
	>=	大于等于	表达式>=表达式		双目运算符
	<	小于	表达式<表达式		双目运算符
	<=	小于等于	表达式<=表达式		双目运算符
7	==	等于	表达式==表达式	左→右	双目运算符
	!=	不等于	表达式!= 表达式		双目运算符
8	&	按位与	表达式&表达式	左→右	双目运算符
9	^	按位异或	表达式^表达式	左→右	双目运算符
10	|	按位或	表达式|表达式	左→右	双目运算符
11	&&	逻辑与	表达式&&表达式	左→右	双目运算符
12	||	逻辑或	表达式||表达式	左→右	双目运算符

续表

优先级	运算符	名称或含义	使用形式	结合方向	说明
13	?:	条件运算符	表达式1? 表达式2: 表达式3	右→左	三目运算符
14	=	赋值运算符	变量=表达式	右→左	
	/=	除后赋值	变量/=表达式		
	*=	乘后赋值	变量*=表达式		
	%=	取模后赋值	变量%=表达式		
	+=	加后赋值	变量+=表达式		
	-=	减后赋值	变量-=表达式		
	<<=	左移后赋值	变量<<=表达式		
	>>=	右移后赋值	变量>>=表达式		
	&=	按位与后赋值	变量&=表达式		
	^=	按位异或后赋值	变量^=表达式		
	|=	按位或后赋值	变量|=表达式		
15	,	逗号运算符	表达式,表达式,…	左→右	

上表中可以总结出如下规律：

（1）结合方向只有三个是从右往左，其余都是从左往右。

（2）所有双目运算符中只有赋值运算符的结合方向是从右往左。

（3）另外两个从右往左结合的运算符也很好记，因为它们很特殊：一个是单目运算符，另一个是三目运算符。

（4）C 语言中有且只有一个三目运算符。

（5）逗号运算符的优先级最低。

（6）此外要记住，对于优先级：算术运算符 > 关系运算符 > 逻辑运算符 > 赋值运算符。逻辑运算符中"逻辑非 !"除外。

三、C 语言常用库函数一览表

1. 数学函数

调用数学函数时，要求在源文件中包下以下命令行：

```
#include<math.h>
```

函数原型说明	功能	返回值	说明
int abs(int x)	求整数 x 的绝对值	计算结果	
double fabs(double x)	求双精度实数 x 的绝对值	计算结果	
double acos(double x)	计算 cos-1(x)的值	计算结果	x 在-1~1 范围内

函数原型说明	功能	返回值	说明
double asin(double x)	计算 sin-1(x)的值	计算结果	x 在-1~1 范围内
double atan(double x)	计算 tan-1(x)的值	计算结果	
double atan2(double x)	计算 tan-1(x/y)的值	计算结果	
double cos(double x)	计算 cos(x)的值	计算结果	x 的单位 为弧度
double cosh(double x)	计算双曲余弦 cosh(x)的值	计算结果	
double exp(double x)	求 ex 的值	计算结果	
double fabs(double x)	求双精度实数 x 的绝对值	计算结果	
double floor(double x)	求不大于双精度实数 x 的最大整数		
double fmod(double x,double y)	求 x/y 整除后的双精度余数		
double frexp(double val,int *exp)	把双精度 val 分解尾数和以 2 为底的指数 n,即 val=x*2n, n 存放在 exp 所指的变量中	返回位数 x 0.5≤x<1	
double log(double x)	求 lnx	计算结果	x>0
double log10(double x)	求 log10x	计算结果	x>0
double modf(double val, double *ip)	把双精度 val 分解成整数部分和小数部分,整数部分存放在 ip 所指的变量中	返回小数部分	
double pow(double x,double y)	计算 xy 的值	计算结果	
double sin(double x)	计算 sin(x)的值	计算结果	x 的单位 为弧度
double sinh(double x)	计算 x 的双曲正弦函数 sinh(x)的值	计算结果	
double sqrt(double x)	计算 x 的开方	计算结果	x≥0
double tan(double x)	计算 tan(x)	计算结果	
double tanh(double x)	计算 x 的双曲正切函数 tanh(x)的值	计算结果	

2. 字符函数

调用字符函数时, 要求在源文件中包含以下命令行:

```
#include<ctype.h>
```

函数原型说明	功能	返回值
int isalnum(int ch)	检查 ch 是否为字母或数字	是, 返回 1; 否则, 返回 0
int isalpha(int ch)	检查 ch 是否为字母	是, 返回 1; 否则, 返回 0
int iscntrl(int ch)	检查 ch 是否为控制字符	是, 返回 1; 否则, 返回 0
int isdigit(int ch)	检查 ch 是否为数字	是, 返回 1; 否则, 返回 0
int isgraph(int ch)	检查 ch 是否为 ASCII 码值在 ox21 到 ox7e 的可打印字符 (即不包含空格字符)	是, 返回 1; 否则, 返回 0
int islower(int ch)	检查 ch 是否为小写字母	是, 返回 1; 否则, 返回 0

续表

函数原型说明	功能	返回值
int isprint(int ch)	检查 ch 是否为包含空格符在内的可打印字符	是，返回 1；否则，返回 0
int ispunct(int ch)	检查 ch 是否为除了空格、字母、数字之外的可打印字符	是，返回 1；否则，返回 0
int isspace(int ch)	检查 ch 是否为空格、制表或换行符	是，返回 1；否则，返回 0
int isupper(int ch)	检查 ch 是否为大写字母	是，返回 1；否则，返回 0
int isxdigit(int ch)	检查 ch 是否为十六进制数	是，返回 1；否则，返回 0
int tolower(int ch)	把 ch 中的字母转换成小写字母	返回对应的小写字母
int toupper(int ch)	把 ch 中的字母转换成大写字母	返回对应的大写字母

3. 字符串函数

调用字符函数时，要求在源文件中包含以下命令行：

#include<string.h>

函数原型说明	功能	返回值
char *strcat(char *s1,char *s2)	把字符串 s2 接到 s1 后面	s1 所指地址
char *strchr(char *s,int ch)	在 s 所指字符串中，找出第一次出现字符 ch 的位置	返回找到的字符的地址，找不到返回 NULL
int strcmp(char *s1,char *s2)	对 s1 和 s2 所指字符串进行比较	s1<s2，返回负数；s1==s2，返回 0；s1>s2，返回正数
char *strcpy(char *s1,char *s2)	把 s2 指向的串复制到 s1 指向的空间	s1 所指地址
unsigned strlen(char *s)	求字符串 s 的长度	返回串中字符（不计最后的'\0'）个数
char *strstr(char *s1,char *s2)	在 s1 所指字符串中，找出字符串 s2 第一次出现的位置	返回找到的字符串的地址，找不到返回 NULL

4. 输入输出函数

调用字符函数时，要求在源文件中包含以下命令行：

#include<stdio.h>

函数原型说明	功能	返回值
void clearer(FILE *fp)	清除与文件指针 fp 有关的所有出错信息	无
int getc (FILE *fp)	从 fp 所指文件中读取一个字符	返回所读字符，若出错或文件结束返回 EOF
int getchar(void)	从标准输入设备读取下一个字符	返回所读字符，若出错或文件结束返回-1
char *gets(char *s)	从标准设备读取一行字符串放入 s 所指存储区，用\0 替换读入的换行符	返回 s，出错返回 NULL

函数原型说明	功能	返回值
int printf(char *format,args,…)	把 args,…的值以 format 指定的格式输出到标准输出设备	输出字符的个数
int putc (int ch, FILE *fp)	将字符 c 写到文件指针 fp 所指向的文件的当前写指针的位置	在正常调用情况下，函数返回写入文件的字符的 ASII 码值，出错时，返回 EOF(-1)
int putchar(char ch)	把 ch 输出到标准输出设备	返回输出的字符，若出错则返回 EOF
int puts(char *str)	把 str 所指字符串输出到标准设备，将\0 转成回车换行符	返回换行符,若出错,返回 EOF
int scanf(char *format,args,…)	从标准输入设备按 format 指定的格式把输入数据存入到 args,…所指的内存中	已输入的数据的个数

5. 动态分配函数和随机函数

调用字符函数时，要求在源文件中包含以下命令行：

`#include<stdlib.h>`

函数原型说明	功能	返回值
void *calloc(unsigned n, unsigned size)	分配 n 个数据项的内存空间，每个数据项的大小为 size 个字节	分配内存单元的起始地址，如不成功返回 0
void *free(void *p)	释放 p 所指的内存区	无
void *malloc(unsigned size)	分配 size 个字节的存储空间	分配内存空间的地址，如不成功返回 0
void *realloc(void *p,unsigned size)	把 p 所指内存区的大小改为 size 个字节	新分配内存空间的地址，如不成功返回 0
int rand(void)	产生 0～32767 的随机整数	返回一个随机整数
void exit(int state)	程序终止执行，返回调用过程, state 为 0 正常终止，非 0 非正常终止	无

6. 文件操作函数

调用字符函数时，要求在源文件中包含以下命令行：

`#include<stdio.h>`

函数原型说明	功能	返回值
FILE* fopen(const char* filename, const char* mode);	打开文件	打开成功返回 FILE 类型的指针，打开失败返回 NULL
int fclose(FILE* stream)	关闭函数	无
int sprintf(char* str,const char* format,…)	字符串格式化函数	成功返回写入的字符总数，失败返回负数

函数原型说明	功能	返回值
int fprintf(FILE* stream,const char* format,…)	格式化写入函数	成功返回写入的字符总数，失败返回负数
int fscanf(FILE* stream,const char* format,…)	从流中读取格式化数据函数	成功返回接收参数的数量，失败返回-1
size_t fwrite(const void* ptr,size_t size,size_t count,FILE* stream);	二进制文件的写入函数	成功返回写入元素的个数，如果失败，返回的元素个数会小于count
size_t fread(const void* ptr,size_t size,size_t count,FILE* stream);	二进制文件的读出函数	成功返回读取元素的个数，如果失败，返回的元素个数会小于count
int fgetc(FILE *stream);	从文件指针指向的文件流中读取一个字符，读取一个字节后，光标位置后移一个字节	返回所读取的一个字节，如果读到文件末尾或者读取出错时返回EOF(EOF是文件结束标识符，一般值为-1)
int fputc (char c, File *fp);	将指定字符写到文件指针所指向的文件的当前写指针位置上	在正常调用情况下，函数返回写入文件的字符的ASCII码值，出错时，返回EOF
char *fgets(char *buf, int bufsize, FILE *stream);	从文件结构体指针stream中读取数据，每次读取一行	函数成功将返回buf，失败或读到文件结尾返回NULL。因此我们不能直接通过fgets的返回值来判断函数是否出错而终止的,应该借助feof函数或者ferror函数来判断
int fputs(char *str, FILE *fp);	向指定的文件写入一个字符串（不自动写入字符串结束标记符\0）	若成功返回0，失败返回EOF
void rewind(FILE *stream);	将文件内部的位置指针重新指向一个流（数据流/文件）的开头	无
int fseek(FILE *stream, long offset, int origin);	重定位流（数据流/文件）上的文件内部位置指针	若成功返回0，失败返回非0值
void rewind(FILE *stream);	将文件内部的位置指针重新指向一个流（数据流/文件）的开头	无
int rename(char *oldname,char *newname)	把oldname所指文件名改为newname所指文件名	若成功返回0，出错返回-1
int feof (FILE *fp)	检查文件是否结束	遇文件结束返回非0，否则返回0

参 考 文 献

[1] 占跃华. C 语言程序设计实训教程[M]. 北京：北京邮电大学出版社，2008.

[2] 李春贵，孙自广. C 语言实验实训[M]. 广州：华南理工大学出版社，2009.

[3] 张红玲，畅惠明. C 语言程序设计[M]. 成都：西南交通大学出版社，2014.

[4] 教育部考试中心. 全国计算机等级考试二级教程：C 语言程序设计（2015 年版）[M]. 北京：高等教育出版社，2014.

[5] 蔺德军，张云红. C 语言程序设计[M]. 北京：电子工业出版社，2015.

[6] 谭浩强. C 程序设计（第五版）学习辅导[M]. 北京：清华大学出版社，2017.

[7] 谭浩强. C 程序设计[M]. 5 版. 北京：清华大学出版社，2017.

[8] 张连浩，覃晓红，闫锴. C 语言程序设计[M]. 上海：同济大学出版社，2017.

[9] 教育部考试中心. 全国计算机等级考试二级教程：C 语言程序设计（2018 年版）[M]. 北京：高等教育出版社，2017.

[10] 夏海英，梁艳，宋树祥. C 语言实践与提高[M]. 西安：西安电子科技大学出版社，2017.

[11] 张玉生，朱苗苗，张书月. C 语言程序设计实训教程[M]. 上海：上海交通大学出版社，2018.

[12] 孙霄霄，卓琳，陈慧，等. C 语言程序设计与应用开发[M]. 3 版. 北京：清华大学出版社，2018.

[13] 顾春华. 程序设计方法与技术：C 语言[M]. 北京：高等教育出版社，2017.

[14] 高克宁，等. 程序设计基础（C 语言）实验指导与测试[M]. 3 版. 北京：清华大学出版社，2018.

[15] 郑晓健，李向阳，杨承志. C 语言程序设计（基于 CDIO 思想）（第 2 版）问题求解与学习指导[M]. 北京：清华大学出版社，2018.

[16] 贺细平. C 程序设计：基于应用导向与任务驱动的学习方法[M]. 北京：电子工业出版社，2018.